U0012451

藍學堂

學習・奇趣・輕鬆讀

全圖解 50 Erfolgsmodelle

全球商學院必修
決策思維術

50張秒懂圖表X認清問題盲點=做出最佳決定

麥可・克洛傑拉斯（Mikael Krogerus）、羅曼・塞普勒（Roman Tschäppeler）——著
菲利浦・恩哈特（Philip Earnhart）——繪　謝慈——譯

梳理你的大腦，做出人生最佳決策

林長揚，企業課程培訓師／暢銷作家

你有沒有計算過，一天中需要做多少決策？

你可能會覺得自己又不是企業老闆，哪需要做什麼「決策」？決策就是「決定」或「選擇」，以一個普通上班族為例，每天可能面臨以下決策：要賴床還是馬上起來、要穿什麼衣服出門上班、要先做手上哪個案子、要休息吃午餐還是再拚一下、該不該跟老闆說案子需要延長時限、下班要進修、耍廢、還是跟朋友聚聚……，光是習以為常的一天，就有這麼多決策在等著你，我相信你一定可以想出更多例子，這些決策都會耗費我們珍貴的腦力，即使是上述那些日常小事，都有可能讓我們困擾許久。

而且隨著人生推進、職位變遷，我們會面臨更多重要的決策，例如：投資、轉行、創業、步入婚姻、買房……，面對這些場景，我們會越來越難下決定，因為要考慮每個決策背後的成本，以及後續會造成的影響。日常生活的小決策就算做錯了，成本也很低，不會對人生有太大影響，像是決定試試新的餐廳，結果超難吃，頂多就罵個兩聲，未來不再去吃而已，但像是個人的買房或投資，公司的開發或營運，只要一做錯決策，就可能一步錯步步錯，導致人生翻盤！因此好的決策能讓你有好的開始，並且在對的地方做正確努力，但我們該如何做出好決策？

如果你曾細心留意，你會發現幫別人出主意比較簡單；而當主角是自己的時候，決策就會卡很久，這印證了一句話：「旁觀者清，當局者迷」，因此要做出好決策，最重要的第一步就是要把自己抽離，變成局外人，站在制高點來思考與分析，但這該怎麼做？

我的建議是：不要自己蒙著頭想，快使用各種決策模型工具吧！因為當你照著決策模型分析現況時，就正在把自己抽離，可以避免陷入「憑感覺做決定」的困境。而透過各種模型的梳理與簡化，你就能從迷霧中找到出路。而這本《全球商學院必修決策思維術》集合了50個最經典的決策方法，能夠幫助你朝好決策邁進。

最後想提醒你，即使擁有了這50個決策模型，也不保證你能馬上有答案，透過不斷的練習，你才能精進自己的決策能力。因此別等到要做重大決策時，才想到用這些模型，平時就開始展開練習吧！讓我們一起用決策模型梳理大腦，做出人生的最佳決策！

清楚切割維度，就能產生對應策略

鋼鐵“V”走闖職場（薇琪徐），個人品牌經營專家

友人曾經問到：「薇琪，妳都怎麼規畫自己的職涯，為何可以成功從行銷轉戰到客戶關係管理（CRM）數據分析？感覺每個決策點都經過深思熟慮，很好奇妳都是如何規畫，怎麼知道自己哪個時刻點應該採取下一個行動了呢？」

被問到這樣問題的時候，也沒有什麼太多想法，大概簡單回說：「其實沒有什麼全面性的策略，都是因為當下遇到沒有辦法再升職、還有主管上面問題，是不是已經嘗試過溝通，找出卡點，用一些簡單問題來檢視自己當下狀態。再來，定錨自己更喜歡做什麼事情。所以倒是沒想到說如何策略性規畫遠程，像三、五年規畫，反倒像是短期目標導向。」至此之後，如何策略性規畫職場就一直盤旋在我心中。

直到最近上到Gipi老師在商業思維學院分享的「職涯規畫」，那時候才真正見識到框架之力。Gipi利用「BCG矩陣」（波士頓矩陣）展演職涯策略性規畫，X軸呈現「職務技能」，而Y軸則呈現「市場價值」，且依序分為「理想位置」、「潛力職位」、「學徒」和「夕陽職位」，精準演繹利用框架規畫職涯。

上完老師課後，再讀完這本書後，對我開始重新審視這些經典框架受益很大，學習這些框架，並不單單教我們如何分析案例、建立市場策略而已，更重要是我們如何善用在不同場域，像在職場規畫，我們也可以比擬自己為一項產品，如何透過行銷、

建立品牌、各種架構來「認識自己」和「策略驅動職涯規畫」，更重要是，我們要如何「洞悉他人」和「激勵團隊成長」。

最近公司來了新的儲備幹部，剛出社會的她，遇到最多的挑戰是不知道如何向上管理和應對進退。當分享經驗談時，看她一直猛點頭，但神情卻讓我覺得她還是似懂非懂，主要是因為沒有很準確的方向來解決她的問題和焦慮。

老實說，其實我們所聽都是經驗談，也可以說是結果論，當然越聽會越茫然。但那時候我也跟她說：「妳或許期待有一個框架可以解決這件事情，但我覺得是必要透過自己的經驗累積，再找出屬於自己的規則。」當我看完這本書，立馬想要推薦給她。

當我們能將這些維度清楚切割出來，就能產生出對應的策略。除此之外，亦能釐清現在能力與理想位置之間來清楚規畫「以終為始」。預祝各位讀者能從中找到自我定位、策略驅動未來職場規畫。

目錄

Part 3 如何更了解別人

使用說明

為什麼寫這本書

10年前，突然意識到做決定好困難時，我們不知所措。不只是做人生大轉彎的決定不容易，就連日常生活要買什麼、穿什麼、下載什麼音樂、在酒吧點什麼飲料等等的決定也是如此。於是，我們開始搜尋模型和方法，幫我們組織、分類、分析與權衡種種選項；換句話說，就是協助我們做決定。

這場搜尋的成果就是各位手上這本書。起初寫這本書是為了我們自己，所以覺得大概印個500本就綽綽有餘了。但這本書後來竟然譯成20種語言，銷售超過100萬本。顯然，其他人也面臨到同樣的問題。

這些年來，我們收到許多實用的新模型建議（當然也有人點出書中的錯誤）。因此，我們決定修訂原書，並加入一些新的決策理論。

本書為什麼必讀

本書是為了每天都得和人打交道的人士所寫的。無論你是老師、教授、機師或管理高層，都會一再面臨同樣的問題：我怎樣做出正確的決定？我要如何激勵自己和團隊？我該如何扭轉局勢？我要如何更有效率的工作？

你在本書能看到什麼

這本書以文字搭配圖表來說明50種最佳的決策模型（有些很著名，有些未必），幫助你因應上述的問題。不要期待會有直截了當的答案，請你做好面對試驗的準備，迎接一場動腦思考的饗宴吧。

如何運用本書

這是一本工具書，你可以模擬這些模型，填寫或刪劃內容，也可以發展或改良它們。無論你需要準備發表簡報，或是進行年度績效考核；無論你眼前有困難的抉擇，或是才剛擺脫耗費時日的爭端；無論你希望重新評估自己的創業點子，或是想更了解自己……這本書都能給予指引。

決策模型是什麼

本書介紹的模型符合下列標準：

- **簡化**：這些模型不會面面俱全，只會納入可能相關的面向。
- **摘要**：這些模型會概述複雜的相互關係。
- **視覺化**：運用圖像來呈現文字不易解釋的概念。
- 這些模型是**方法**：它們不會提供解答，而是提出問題。一旦你使用了這些模型（例如：填寫內容，並採用它們執行工作），答案就會浮現。

為什麼需要決策模型？

遇到混亂情況時，我們都會尋找方法，理出頭緒，試圖不被混亂蒙蔽，或者至少能掌握個大概。模型能幫助我們排除大部分的繁雜，聚焦在重點上，進而減少情勢的複雜度。批評人士很喜歡指出，模型並不能反映實際狀況。確實如此，但也不能因此宣稱模型會迫使我們以既定的方式思考。模型是積極思考過程的結果，並不會局限我們的思考內容和方式。

你可以用美式或歐式的方法來讀這本書。美國人偏好嘗試錯誤：先行動，失敗了就從中記取教訓，得到理論後再次嘗試。假如這個方法適合你，那麼就從「如何自我改進」（15頁）開始吧。歐洲人則偏好從理論的學習開始，然後才著手實行。萬一失敗了，他們會分析、改進再重複嘗試。假如這比較符合你的行事風格，那就從「如何更了解自己」（57頁）開始吧。

> 模型的效益取決於使用它的人。

Part 1
如何自我改進

艾森豪矩陣

辨別重要和緊迫的事

據說，美國第34任的總統艾森豪（Dwight D. Eisenhower）曾說：「最緊迫的決定極少是最重要的。」艾森豪被推崇為時間管理的大師，換句話說，他有能力讓每件事在時限內完成。運用艾森豪的方法，可以學到如何區分重要和緊迫的事情。

無論擺到你桌上的任務是什麼，第一步都先按照艾森豪的方法拆解工作，再決定進行的方式。我們經常會過度聚焦在「緊迫且重要」的部分，只著眼在必須馬上處理的事務上。詢問自己以下的問題：我何時會處理重要但不緊迫的事呢？在這些重要工作變得緊迫之前，我何時可以撥時間處理呢？這就是策略性、長期決策的範疇了。

另一個改善時間規畫的方法，則來自大富豪華倫・巴菲特（Warren Buffett）。條列你今天想要完成的每件事，先從清單上的第一項任務開始著手，唯有完成後才進行第二項。任務完成後，就從清單上刪掉它。

亡羊補牢猶未晚，但永遠別延遲更好。

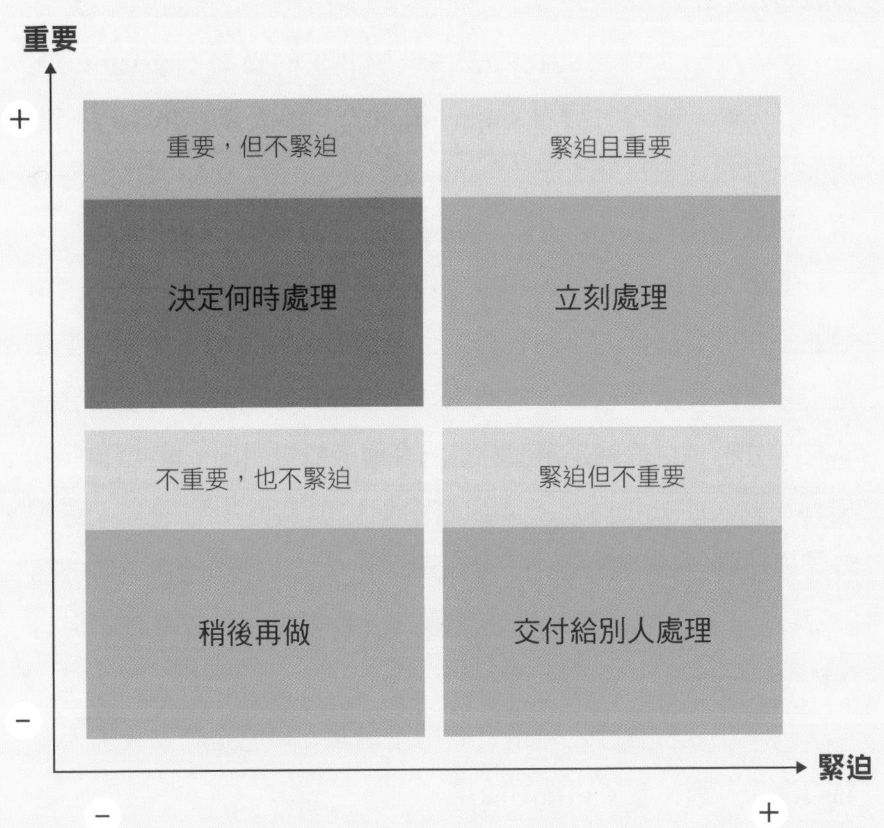

※填入你當前必須處理的任務。

SWOT分析

找出最適合的解決方法

SWOT分析會幫助我們評估一項計畫的優勢（strengths）、劣勢（weaknesses）、機會（opportunities）和威脅（threats）。這項技巧是根據史丹佛大學（Stanford University）1960年代針對財富五百大企業（Fortune 500 companies）的資料分析研究而來。該研究發現，企業在目標和實際施行結果之間有35%的差距。問題並不在於員工能力不足，而是企業目標太過模糊。許多員工甚至不知道為什麼要執行當前的工作。根據這項研究結果而開發的SWOT分析，目的就是幫助計畫的參與者能更明確了解工作。

做SWOT分析時，不要只是倉促去填寫當中的內容，花些時間思考每一道步驟是值得的。我們可以怎樣突顯優勢，並彌補（或掩飾）劣勢呢？該如何盡量提高機會呢？面對威脅時如何自保呢？

SWOT分析有趣之處是它的用途很廣：無論是企業或個人層面的決策，都能發揮相當的助益。

> 如果沒有經歷失敗，那代表你的努力還不夠。
> ——美國作家格雷琴．魯賓（Gretchen Rubin）

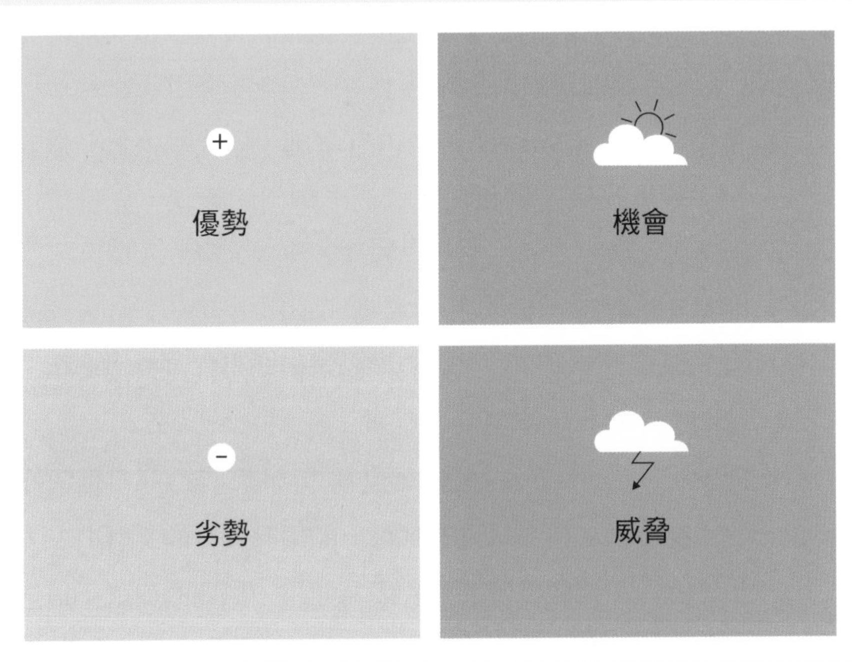

※回想人生中碰過的重大計畫，當時你如何填寫SWOT分析表的內容呢？和你現在的填寫方式比較一下。

波士頓矩陣

評估成本與收益

1970年代，波士頓顧問公司（Boston Consulting Group）開發了一套方法，用來評估一家公司投資組合的投資價值。矩陣分為四個區塊，代表四種類型的投資：

- **金牛（Cash Cows）：**市場占有率高，但成長率低。這表示，成本不高，但預期收益高。顧問的建議：盡量擠出現金。
- **明星（Stars）：**市場占有率高，成長率也高；但為求成長，需要大手筆花錢。只能期盼這個明星搖身變成金牛。顧問的建議：投資吧。
- **問號（Questions marks）：**又稱「問題兒童」，具備很高的成長潛力，但市場占有率低。如果有大量的（財力）支援和誘因，這類投資就可能成為明星。顧問的建議：這是艱難的抉擇。
- **狗（Dogs）：**在飽和的市場中占有率很低，除非它有財務以外的價值，例如：形象工程（編注：vanity project，指為了宣傳、建立威望，不惜大灑金錢推動名大於實、不顧實際需要的計畫）或是幫朋友的忙，否則不應該持有。顧問的建議：清算吧。

> 投資時最危險的一句話：「這次會不一樣。」
> ——投資宗師約翰・坦伯頓爵士（Sir John Templeton）

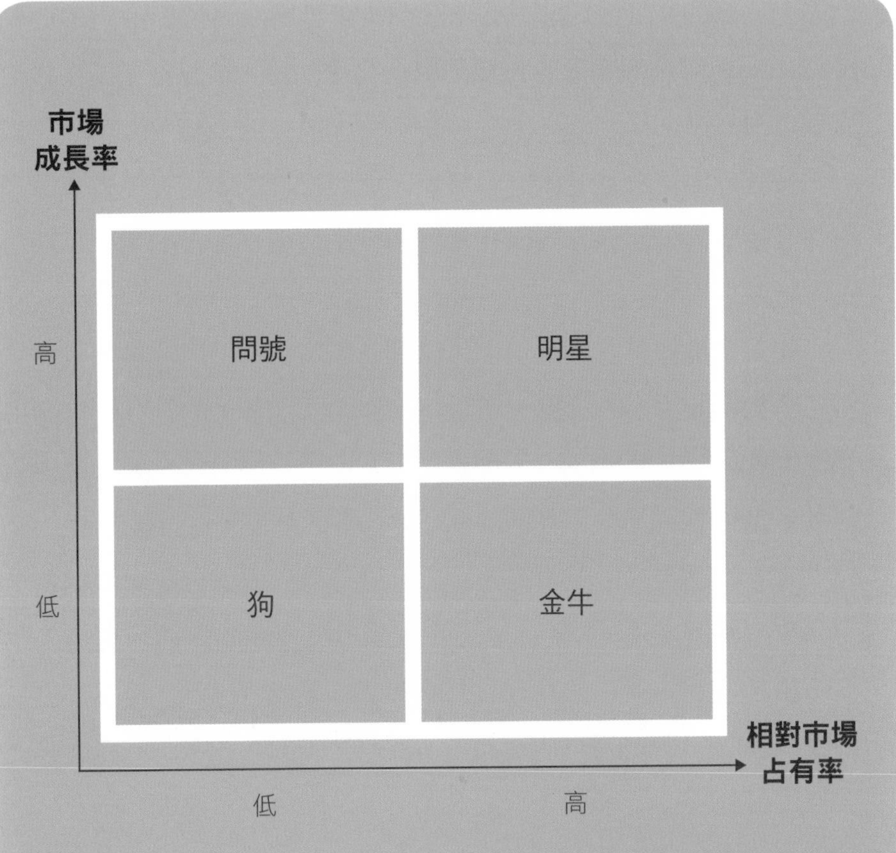

專案組合矩陣

掌握整體概況

你是否同時要兼顧很多專案？那麼，你就是所謂的「斜槓族」(slasher)。這個詞是紐約作家瑪希・艾波赫（Marci Alboher）所創，用來形容無法用單一答案回覆「你以什麼工作維生？」的族群。

假設你的身分是老師／音樂家／網頁設計師，這種多重身分或許很吸引人，但你該如何在這些領域中取得平衡？如何確保穩定的收入？

如果想掌握整體概況，你可以借助專案組合矩陣，根據成本和時間為目前手上的專案（無論是工作相關或私人的）分門別類（請參照第24～25頁的矩陣）。考慮成本時，不只要著眼金錢，還要考量參與其中的朋友、耗費的心力與心理壓力等等資源層面。

成本和時間只是兩個例子，你可以選擇任何與自身處境相關的參數，舉例來說，X軸可以是「這個專案對我的總體目標有多少助益」，Y軸則是「我可以從這個專案中學習多少」。接下來，根據「達成的目標」與「學習量」兩軸，在矩陣中填入你的專案。

解讀分析的結果

- 如果專案與總體願景不符，也無法讓你學習，那麼就應該捨棄。
- 如果專案本身有趣，可以讓你學習，但是不符合願景也無助於達成目標，那就嘗試做些改變，讓專案對你的願景有助益。
- 如果專案符合願景，但你學不到新事物，那麼就找其他人幫你完成吧。
- 如果可以學到東西，又能達成願景，那你是壓對寶了！

> 一定要如實完成你的專案，即便結果不成功的也不例外。

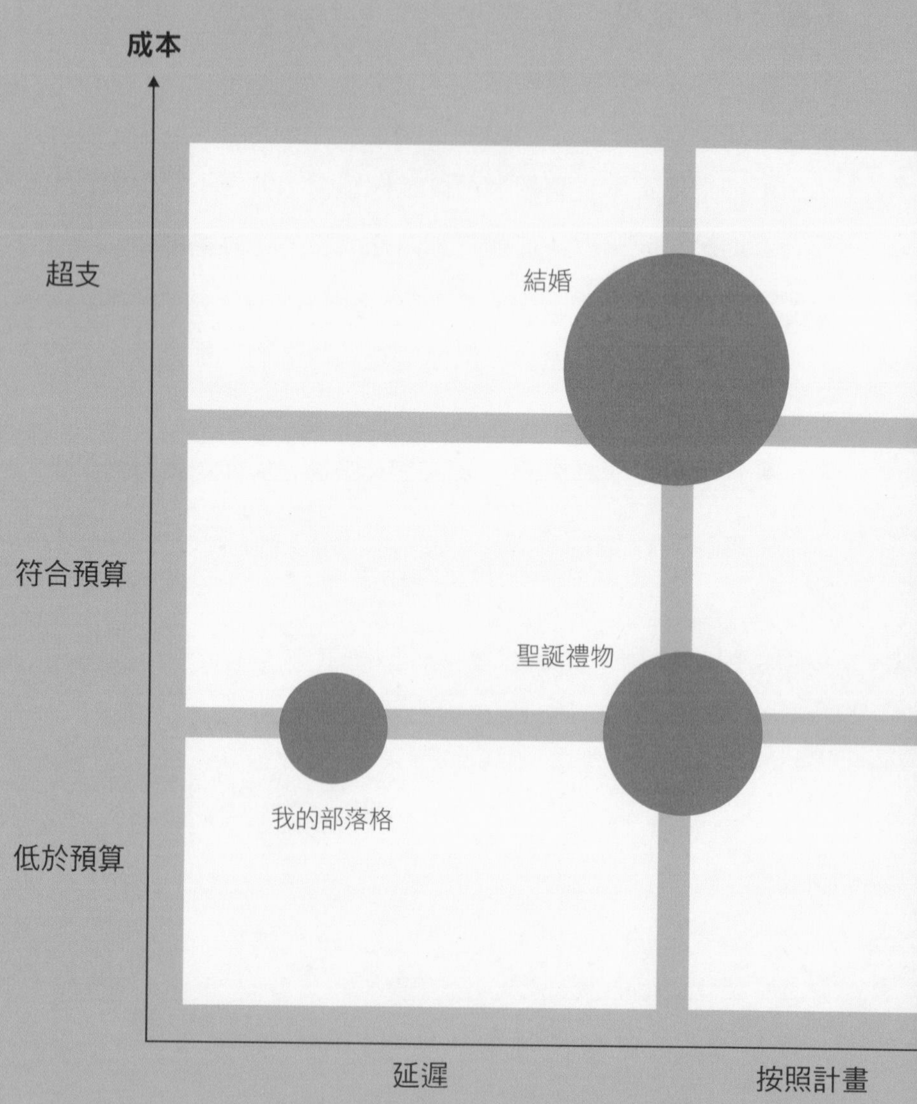

※將你目前的專案填入矩陣中：符合預算、可以準時嗎？

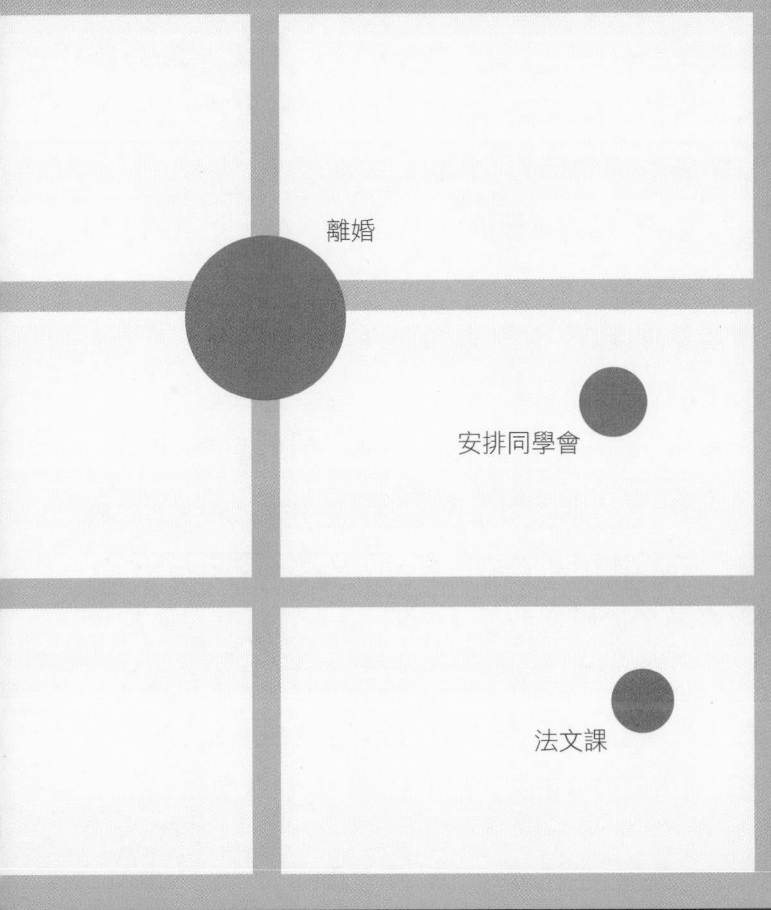
離婚
安排同學會
法文課
時間
提早

回饋分析

學習評量自己的表現

你最大的優勢是什麼？

大多數人都自認了解本身的長處，但往往是誤解。這個說法來自上個世紀最重要的管理思想泰斗彼得・杜拉克（Peter F. Drucker）。他開發出一項簡單卻很巧妙的技巧，讓人可以更了解自己。

每當要做重要決策時，先記下預期會發生的狀況。一年之後，再比對你的預期與實際結果。

杜拉克終其一生都不斷比對他的預期和實際結果，並學習給自己回饋，時日一久，他開始能夠辨識出必須改進的環節與層面。換句話說，他釐清自己的長處所在，以及缺乏哪些優勢。

聽起來很容易？加爾文教派（Calvinist）的執事和耶穌會（Jesuit）的神父早在17世紀中葉就開始使用這個方法，而根據一些歷史學家的說法，這兩個教派之所以有全球性的影響力，至少有一部分是因為運用回饋分析，並採用這套技巧自我管理。

> 一個人對自己最重要的了解，就是知道自己的優勢。
> ——彼得・杜拉克

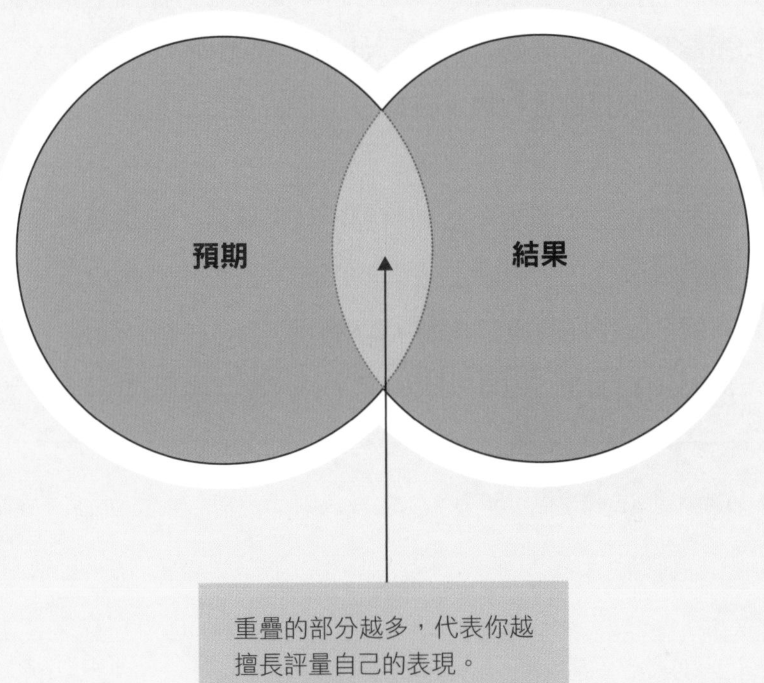

重疊的部分越多，代表你越擅長評量自己的表現。

惠特默模型

判斷我追求的目標是否正確

如果你為自己設定目標，應該要區分最終目標和表現目標。最終目標可能是「我想要跑馬拉松」，而表現目標則是幫助你達成此項最終目標，例如：「我每天早上都要慢跑30分鐘」。

寫下你的目標，然後逐步檢討是否符合這個模型中的十四項要求。

幾個要注意的事項：假如目標不可能達成，就是毫無希望；假如沒有挑戰性，就無法激發你的鬥志。假如十四個步驟對你來說太複雜，那麼在設定目標時，請謹記以下這個基本原則：

KISS（Keep It Simple, Stupid!）——保持簡單與愚蠢。

➥ 另請參照：心流模型（58頁）

> 對大多數人來說，最大的危機不在於目標設得太高而未達到，而是目標定太低而達成了。
> ——米開朗基羅（Michelangelo）

S	具體 specific		**正確的目標**	C	具挑戰性 challenging
M	可衡量 measurable	P	正面的陳述 positively stated	L	合法 legal
A	可達成 attainable	U	了解的 understood	E	環保的 environmentally sound
R	務實的 realistic	R	相關的 relevant	A	認同的 agreed
T	時間階段 time-phased	E	道德的 ethical	R	有紀錄的 recorded

※一旦訂立目標，就要檢討其是否符合此十四項要求。

橡皮筋模型

因應兩難處境

以下是你熟悉的狀況嗎？有位朋友、同事或客戶必須做出的決策，其結果勢必會翻轉未來，例如：轉換工作跑道、搬到其他城市，或是提早退休。支持和反對的理由都同樣充分，你該如何幫助他們擺脫這種兩難處境？

依據橡皮筋模型，請對方自問以下問題：有什麼事讓我維持現況？什麼理由吸引我？

乍看之下，這個方法似乎只是傳統的利弊分析問題衍生的，但當中的差異在於「什麼事讓我維持現況」和「什麼理由吸引我」都是正向的問題，反映出兩個選項同樣吸引人的情境。

➥ 另請參照：SWOT分析（18頁）

> 任何決策都會帶來平靜，即便是錯誤的決策也不例外。
> ——美國社運人士麗塔・梅・布朗（Rita Mae Brown）

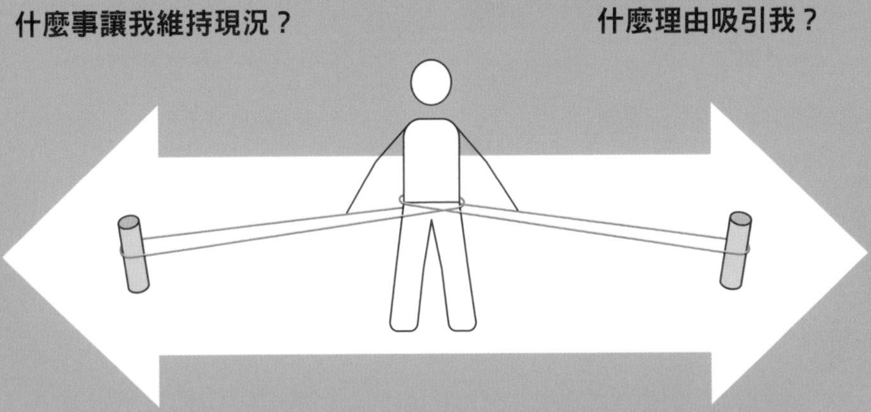

什麼事讓我維持現況？

什麼理由吸引我？

※假如你必須在兩個很好的選項之間抉擇，問問自己：維持現狀和吸引的理由各是什麼。

回饋箱

面對他人的讚美和批評

在團隊中，回饋可說是最困難與敏感的過程之一。批評很容易傷人，但虛假的讚美同樣毫無助益。讚美常常令人過度自滿，可是批評又會傷人自尊心，可能會使人做出不智的選擇。

因此，「你覺得哪裡很好，哪裡差勁？」這樣膚淺的問題未必會有幫助。要說從回饋中可以學習到什麼事，那最好問自己：「我如何應對這個批評？」換句話說，考慮哪個部分可以維持現狀，哪個部分必須改變（但或許到目前為止，它都還不錯）。

重點不只是解決不盡理想的部分，也要決定是否針對回饋做出反應，以及如何回應。這個模型會幫助你將得到的回饋分門別類，這樣才能明確建立行動計畫。

誠實自問以下這個問題也很重要：「哪些成功和失敗其實是運氣使然？」你贏得比賽，純粹是因為球剛好進籃？你真的值得這樣的讚美嗎？

> 留意你的思想，因為思想會變成言語。
> 留意你的言語，因為言語會變成行動。
> 留意你的行動，因為行動會變成習慣。
> 留意你的習慣，因為習慣會變成性格。
> 留意你的性格，因為性格會決定你的命運。
> ——猶太法典《塔木德》（*Talmud*）

	－	＋
＋	我覺得不錯， 但還是需要改變！ **忠告**	我覺得很好， 未來可以保持下去！ **讚美**
－	我覺得不好， 需要改變！ **批評**	我覺得不好， 但還可以忍受！ **建議**

※在這個矩陣中填入你得到的回饋。你想聽從哪些忠告？哪些批評促使你採取行動？哪些建議是可以忽略的？

是否法則

迅速下決定

快速做出決定的一個好方法，就是使用「是否法則」。當你必須權衡風險，時間卻不充裕時，這項法則會很有幫助。以某人身體不舒服去看醫師為例，醫師做出的診斷就是根據一系列的排除過程（是否發燒？血壓是否過低？）。

是否法則是以明確的參考指標為依據，不只對醫學有助益，在管理、個人生活及政治上也有幫助。2013年，當時的美國總統布拉克・歐巴馬（Barack Obama）為了做出無人機攻擊的決策，訂立了三條是否法則：目標人物是否對美國人民造成持續且立即的威脅？是否只有美國才能處理此威脅？是否能盡量絕對不要傷害到平民？唯有這三個問題的答案全為「是」時，才會批准無人機攻擊。

「是否」二字，最熟悉，最簡短，但最需要費心思。

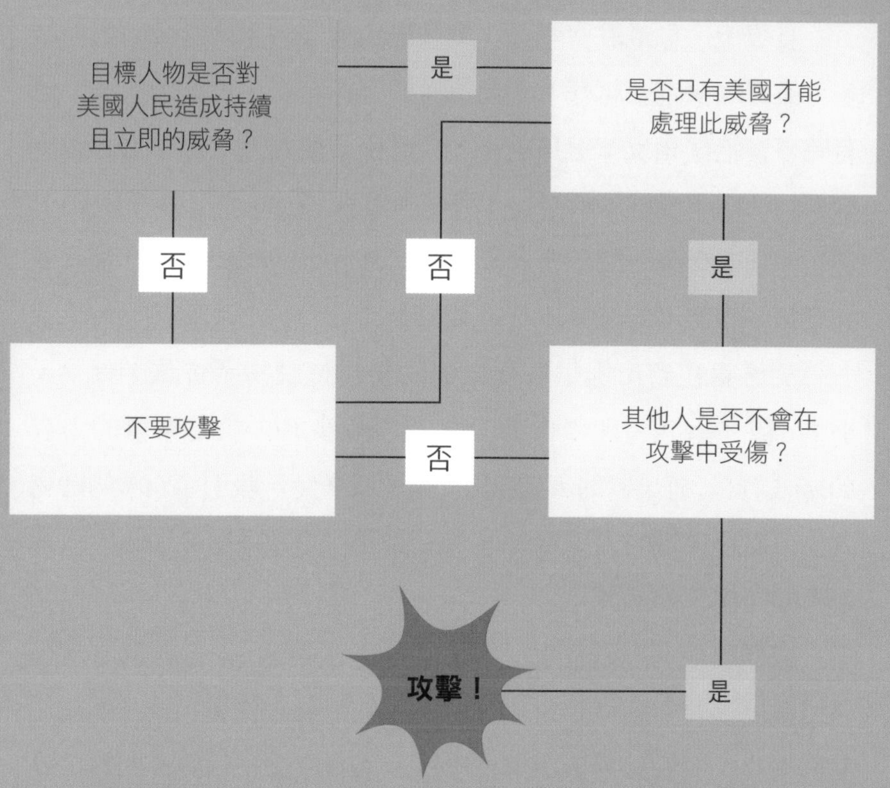

※美國前總統歐巴馬運用這套規則來決定是否發動無人機攻擊。

選項過多

如何縮小選擇範圍

直覺上，你或許會認為，越多一定越好。我們考慮的選項越多，最終的決定就越好。我們擁有的選擇越多，就會越快樂。但有時事實恰好相反：選擇越多，人的期望就越高，也越擔心做出錯誤的決定。這就是所謂的「選擇的弔詭」（paradox of choice），它是美國商學院教授希娜・艾恩嘉（Sheena Iyengar）在一項著名的實驗中證明出的現象。

艾恩嘉在超市提供各種口味的果醬讓購物者嘗試：有一天提供6種，另一天則提供24種。選項較少時，試吃果醬的人有40%，購買一瓶果醬的人有30%；選項較多時，吸引了60%的購物者，但購買果醬的人只有2%。其結論是：選項多很吸引人，但讓人不知從何下手。

我們該如何在日常生活中解決這種選擇的弔詭？美國心理學教授貝瑞・史瓦茲（Barry Schwartz）的建議很簡單：減少選項。舉例來說，在餐廳裡選擇菜單上第一道看起來不錯的菜，然後就闔上菜單。這是因為當你心中考慮的選項越多，你就會越不滿足。

越多反而越困難。

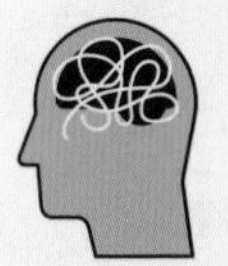

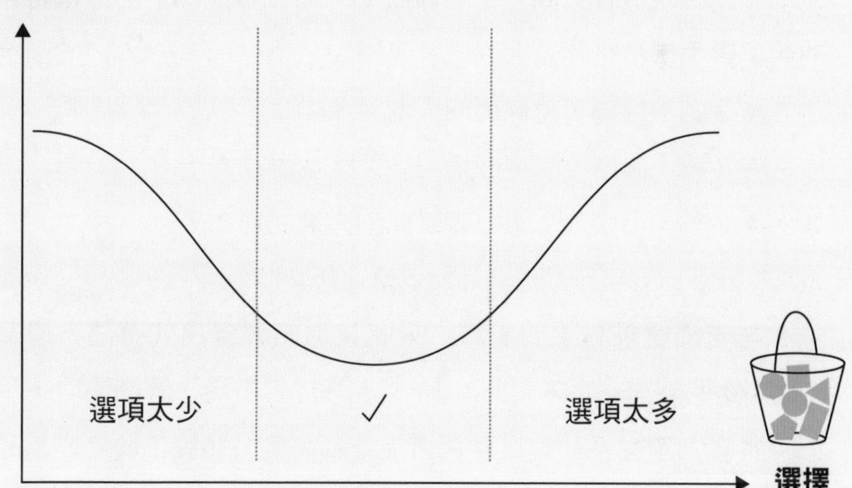

※沒有選擇令人發愁，太多選擇亦然。

市場缺口模型

辨識出有利可圖的點子

每家新公司的目標都是發掘並滿足市場的缺口，但該如何進行最理想呢？市場缺口模型是以明確的三面向方式呈現出市場的模樣。請畫出三條軸線來衡量市場、客戶和未來產品的發展。

舉例來說，你想開一家新咖啡館，可以依照以下的標準將你的競爭對手標示在圖表上：

- X軸：位置（這條街的人潮有多少？）
- Y軸：價格（咖啡多貴呢？）
- Z軸：酷因素（這家咖啡館的人氣如何？）

在充滿競爭對手的領域，只有在你的經營模式有潛力成為「品類殺手」（category killer）時，才應打入市場。舉例來說，星巴克將喝咖啡從平凡的日常習慣提升為高級的體驗，於是成為品類殺手，也是其他市場競爭者的標竿。你要尋找利基市場，也就是市場中被忽略、尚未飽和的領域。

要小心的是，假如該領域沒有其他競爭者，就應該先確認是否真的有需求存在。

> 定位就像探鑽石油，光是快要鑽到是不夠的。

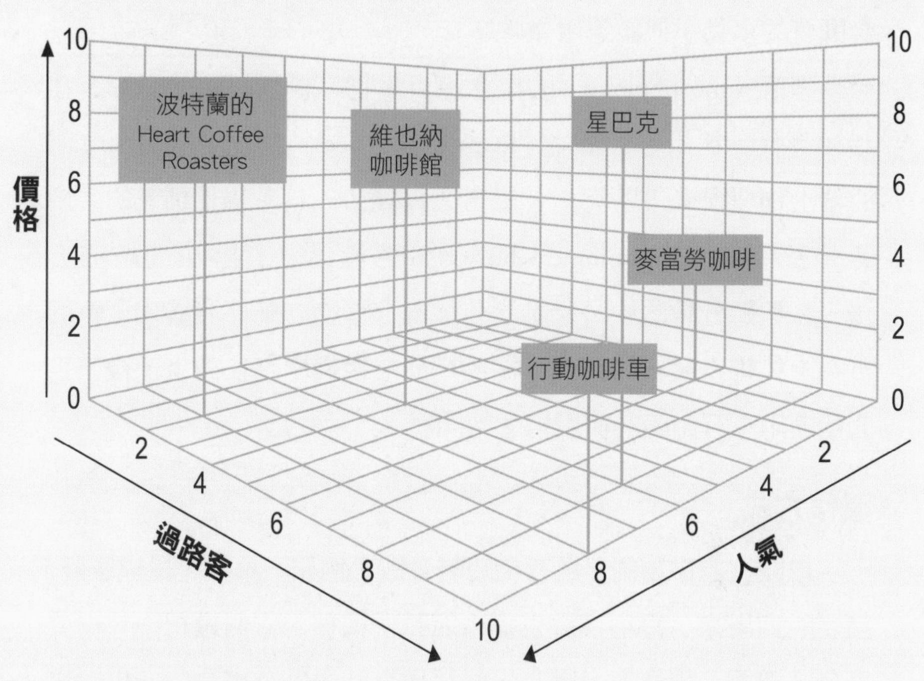

※這個模型有助於找出市場的缺口：根據三個軸線（價格、過路客與人氣）定位你的競爭對手。利基在何處呢？

型態分析盒與奔馳創意法

先有結構才能發揮創意

創新可能表示要實行一些嶄新的行動，但也可能代表重新組合既有的事物。但該怎麼做呢？

型態（morphology）的概念源自生物結構與配置的研究。在1930年代，加州理工學院（Institute of Technology in California）的瑞士物理學家弗里茨・扎維奇（Fritz Zwicky）以他稱為的「型態分析盒」（morphological boxes），開發出一套解決問題的方法。在型態分析盒中，會結合各種既存事物的屬性發展成全新的事物。扎維奇最初將這個方法應用於噴射機引擎技術上，後來也開始運用在行銷策略與新構想的開發。

運作方式

以開發新車為例，所有相關的參數（例如：車款、目標客群）都要明列出來，每項參數也盡可能賦予屬性。這個過程不只需要專業，還要有想像力，因為最終目標是利用既有事物創造出新事物。這套方法會產生一個圖表（型態分析盒可多達四個象限）。

再下一個步驟是需要腦力激盪：舉例來說，這輛車必須是休旅車，但也必須是節能型的，而且製造成本不能太高昂。有哪些屬性符合要求？將你選擇的屬性用一條線連結，這會讓你概略了解優先的選項。接著問問自己：這些屬性是否能成為新車款設計的基礎？是否必須捨棄一些屬性，或增加新的屬性？

除了型態分析盒之外，鮑伯・艾伯利（Bob Eberle）開發的奔馳創意法（Scamper）檢查表也能幫你重新配置現有的構想或產品。以下七個關鍵問題是引用BBDO（黃禾）廣告公司創辦人艾力克斯・奧斯本（Alex Osborn）開發的問卷：

- **替代性**（substitute）？可以替代的人、組成零件、材料。
- **組合**（combine）？組合其他功能或事物。
- **調整**（adapt）？調整的功能或外觀。
- **修改**（modify）？修改尺寸、形狀、質地或音效。
- **轉為其他用途**（put to other use）？其他新的、整合後的用途。
- **剔除**（eliminate）？減少、簡化、排除多餘的部分。
- **反轉**（reverse）？有反向、逆轉的用途。

➥ 另請參照：跳脫框架思考（46頁）

> 重點不是看到別人尚未看見的，而是去思索每個人都看見卻沒有想到的。
> ——德國哲學家叔本華（Arthur Schopenhauer）

參數＼配置	配置 1	配置 2
設計（外觀）	驃悍	有稜角（新邊鋒設計）
性能、引擎	汽油 100-200 hp	汽油 200 - 300 hp
座椅／空間	2	4
車款	禮車／轎車	小巴
風格	自信	酷炫
特色、行銷資源	DVD播放器 與網飛（Netflix）合作	結合線上商店的音樂下載
目標客群	高資產淨值人士	頂客族

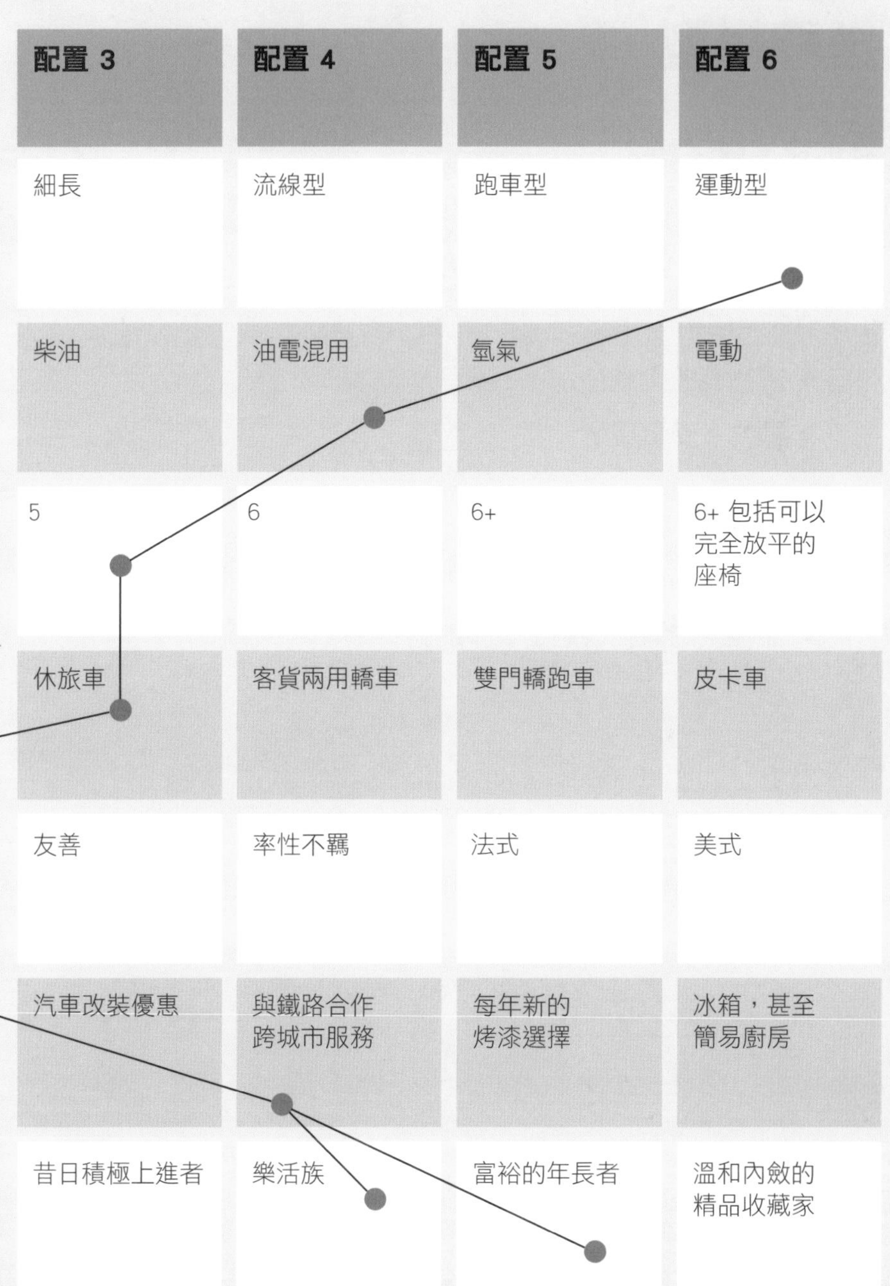

配置 3	配置 4	配置 5	配置 6
細長	流線型	跑車型	運動型
柴油	油電混用	氫氣	電動
5	6	6+	6+ 包括可以完全放平的座椅
休旅車	客貨兩用轎車	雙門轎跑車	皮卡車
友善	率性不羈	法式	美式
汽車改裝優惠	與鐵路合作跨城市服務	每年新的烤漆選擇	冰箱，甚至簡易廚房
昔日積極上進者	樂活族	富裕的年長者	溫和內斂的精品收藏家

送禮模型

要花多少錢送禮

送禮可說是雷區。廉價或沒有情意的禮物可能會讓收禮者覺得不受重視，對於送禮與收禮兩方來說都很尷尬。此處的不科學小模型共有兩軸：

- 禮物有多貴重？
- 禮物多受珍視？

兩個經驗法則

- 慷慨勝過吝嗇（別被「真的不需要」這種話騙了）。
- 體驗式的禮物勝過物質型的禮物。

> 我的品味再簡單不過，我始終只滿足於最美好的事物。
> ——愛爾蘭作家王爾德（Oscar Wilde）

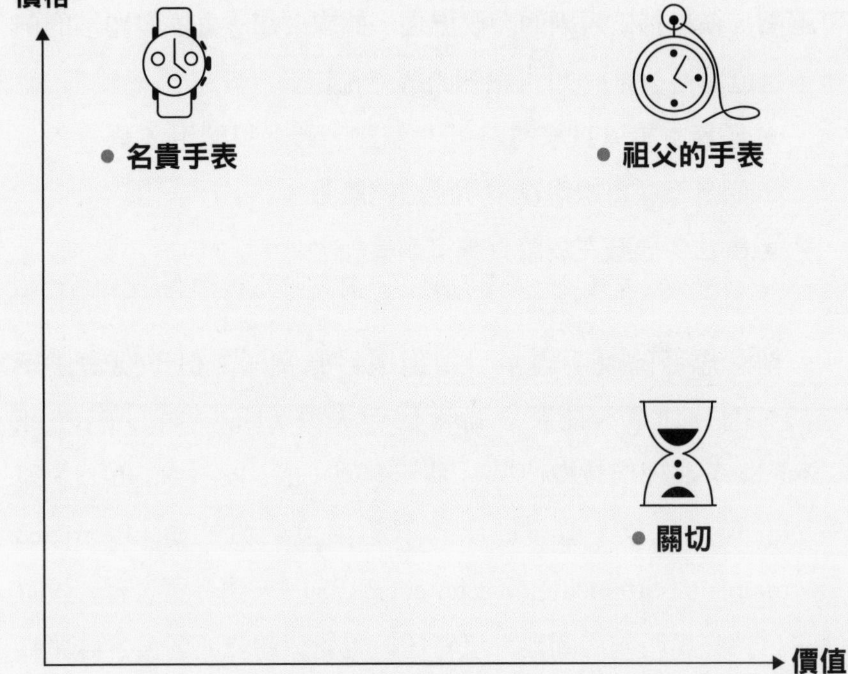

※你收過與送過最有價值的禮物是什麼？

跳脫框架思考

如何想出絕妙的點子

真正創新的點子相當罕見，它並非將舊點子套用到新的背景環境，或是現成構想的變形版。通常，創新的點子都在我們脫離舒適圈，或是打破規則的時候出現。此處要舉「九點難題」的例子。這道題目首見於20世紀初的解謎雜誌上。

- **任務：**請以直線連結這 9 個點，最多只能用 4 條直線，而且筆在畫線過程中不能離開紙張。
- **解法：**訣竅在於將直線畫到框線之外。

創意思考的說明經常以這道題目為例子。但不要太快下結論，因為加拿大的英屬哥倫比亞大學（University of British Columbia）心理學教授彼得・蘇菲爾德（Dr. Peter Suedfeld）觀察到有趣的現象。他發展出有限的環境刺激技術（Restricted Environmental Stimulation Technique, REST），讓參與者有一段時間獨自待在黑暗的房間裡，沒有任何視覺或聽覺的刺激。蘇菲爾德注意到，受試者並沒有因此抓狂；他們的血壓反而下降，心情好轉，而且變得更有創意。

➡ 另請參照：型態分析盒與奔馳創意法（40頁）

希望跳脫框架思考的人，停止框架內思維會比較有利。

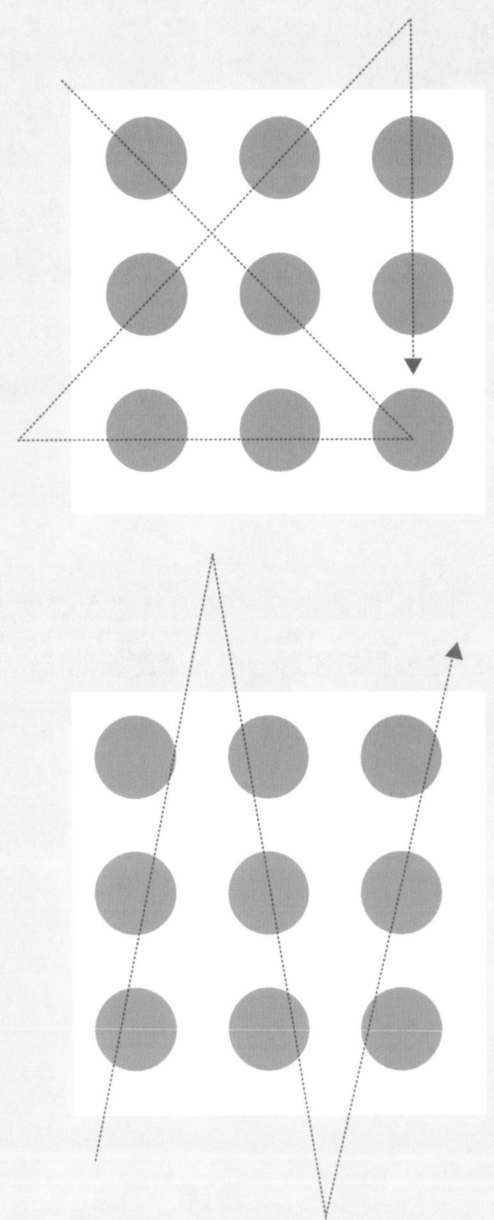

※最多只能用4條直線時，如何連結9個點？

結果模型

如何做出當機立斷的決定

我們時常被迫根據有限或模糊的資訊做出決定。舉例來說，在專案一開始都還沒釐清細節的時候，我們就必須大膽下決策——特別是因為這些初期決策的影響深遠。專案接近尾聲時，儘管我們已了解更深入，疑慮變少了，但到這時候也沒什麼關鍵決策要決定。

所以，最重要的問題就是：該如何彌合疑慮和決定之間的分歧呢？

請注意！我們通常推遲決定，是因為心存疑慮，但不做決定本身也是一種決定。假如你對一項決議遲遲無法定奪，這往往就是潛意識裡做出不溝通的決定。這會讓團隊陷入不確定感。因此，假如你希望過些時候再做決定，請務必溝通清楚。

丹麥的組織理論學家克里斯提安・克雷納（Kristian Kreiner）和索倫・克里斯坦森（Søren Christensen）用這個模型鼓勵大家要有勇氣，資訊再少也要放膽做決定。

➥ 另請參照：喊停原則（52 頁）

> 我寧可做過再後悔，也不願為了沒去做的事而抱憾。
> ——美國喜劇演員露西兒・鮑爾（Lucille Ball）

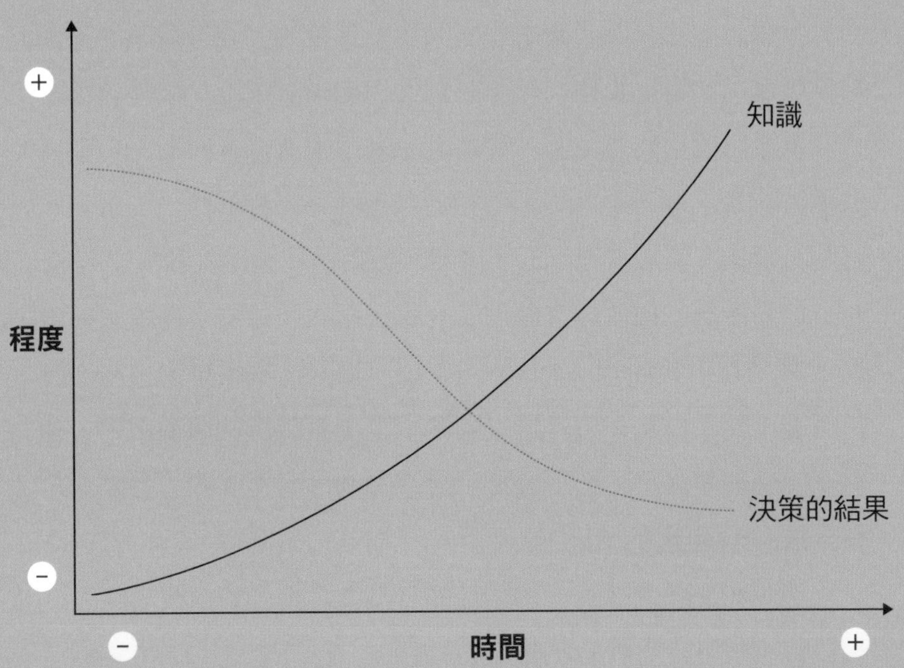

※這個模型顯示，你的決策結果與本身知識程度之間的關聯。

潛意識思考理論

如何憑直覺做決定

我們很容易認為，好的決定是經過有系統的思考之後產生的。事實上，如果該決定是相對簡單、直接的，毫無偏頗的權衡利弊後就可能得出正確的結果。然而，如果該決定比較複雜，而且看來沒有明顯的答案時，暫時別思考就很值得。與其努力要採取理性的方式權衡所有的論點和資訊，倒不如相信自己的直覺。這聽起來或許違反常理，但人的潛意識更擅長過濾大量的資料。

但是，該如何關掉大腦理性的那一面呢？德國心理學家捷爾德・蓋格瑞澤（Gerd Gigerenzer）提出以下這個簡單的技巧，非常有趣：如果你在兩個選項之間拿不定主意時，就擲硬幣吧。硬幣在空中翻轉之際，你很可能就會察覺到自己希望哪一面朝上，甚至根本不需要看真正的結果。

這個概念就是關掉大腦理性面，然後直接觸及你內心的渴望和經驗。右頁會介紹第二種方法。

直覺是可以感受到卻無法言喻的知識。

憑直覺做決定的方法

根據荷蘭心理學家艾普・狄克思特修斯（Ap Dijksterhuis）和齊格・馮奧登（Zeger van Olden）的方法

1. 你必須做的決定是什麼？

例如：我要嫁給他嗎？

……………………………………………………

……………………………………………………

2. 請解以下英文字謎
（題目 → 提示 → 答案）

TABLE → animal noise → BLEAT

PLATE → flower part → ……………

SILENT → take notice → ……………

WARD → illustrate → ……………

SHORE → animal → ……………

3. 現在，寫下你的決定

……………………………………………………

……………………………………………………

※這個方法的設計目的是停止大腦思考，這樣才能啟動潛意識。不要想這合不合理，試試看吧！

喊停原則

知道何時該修正自己的決定

美國學者凱瑟琳・艾森豪特（Kathleen Eisenhardt）和唐納德・薩爾（Donald Sull）在其出色的著作《簡單準則》（*Simple Rules*）裡指出，在特定狀況下，簡單的準則反而比複雜的更有效率，因為它們縮短大量處理資訊所需的時間，而這個環節是整個過程中最耗時的。

舉例來說：我要怎樣才知道何時該修正一項決定？替自己訂下喊停原則。喊停原則是嚴格、不容變更的，幾乎適用在任何情境，取代權衡局勢時經常折磨人的過程。1935年，傳奇投資家傑拉德・羅布（Gerald Loeb）提出一個簡單但有力的喊停原則公式，回答所有投資人始終都在詢問的問題：我應該何時賣出？羅布的法則：假如一項投資虧損其價值的10%，就賣掉吧！別再多問了。

這類喊停原則好處在於它們的絕對性、毫無妥協的餘地，能免去令人頭痛的事，甚至還能挽救人命。登山客會使用喊停原則，確保自己平安歸返，比方說，如果到了下午兩點沒有登頂，就要回頭。1996年聖母峰上，當這種喊停原則被打破時，八個人因此喪命。

> 辨識怯懦和瘋狂之間的界線是一門藝術。
> ——義大利登山家萊茵霍爾德・梅斯納爾（Reinhold Messner）

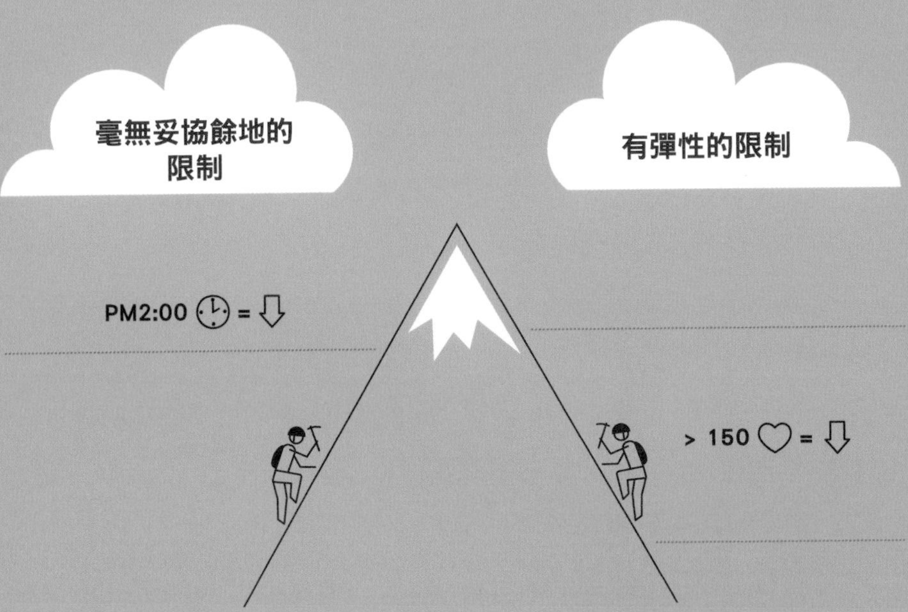

※喊停原則有兩種：毫無妥協餘地的限制（如果到了下午兩點沒登頂，就折返）與有彈性的限制（如果到下午兩點時，我的心率仍維持在150以下，就繼續攀登到三點）。

買家決定模型

在不相上下的選擇中做取捨

假如你想買一輛車，卻拿不定主意時，以下四個半的提示，很實用：

1. 擬訂研究策略

作調查研究的問題在於，我們的所知永遠不夠多，但很快又會知道太多。如今，只要上網做一點研究，就可以獲得和汽車經銷商同樣程度的知識。而且，知道的越多，感覺也更安心。然而，這終究還是會達到臨界點，來到知道太多的時候。理論上你要用餘生來研讀汽車評論，也行啦。你要做的事如下：為自己設定上限，例如：上網查詢3小時、問3個朋友、拜訪2個經銷商。

2. 降低期望

別期待車子要完美齊備，而是要滿足你的基本需求。這是心理學教授貝瑞・史瓦茲的建議。即便這輛車並非最佳選擇，但是比起完全沒車或永無止盡的尋覓，它都讓你比較開心。你應該這麼做：根據優先順序列出你最在意的五項條件，然後刪掉最後兩項。

3. 不要擔心

根據美國心理學家丹尼爾・吉伯特（Daniel Gilbert）的說法，大部分決定所影響的時間，其實沒有我們當下所想像的久。你應該這麼做：用哈佛全班前五名畢業的蘇希・威爾許（Suzy Welch）使用的10-10-10法則。在購買車子時，請問自己：我的決定在10天內會有什麼結果？10個月內會有什麼結果？10年內呢？

4. 讓其他人決定

很多人認為，自己來做決定最好。然而，倫敦商學院（London Business School）的西蒙娜・鮑堤（Simona Botti）在實驗中證實，自己做決定時常受到糾纏不休的疑慮影響，因而無法做出最好的抉擇。假如由其他人替我們決定，疑慮就會消失。可採取以下的做法：假如你要在兩輛不相上下的車子之間選擇，就讓賣家替你決定吧。

或者你可以遵循耶穌會創始人依納爵・羅耀拉（Ignatius of Loyola）的範例：花3天假裝你已經決定採用選項一，再花3天假裝你選擇了選項二，然後才做決定。

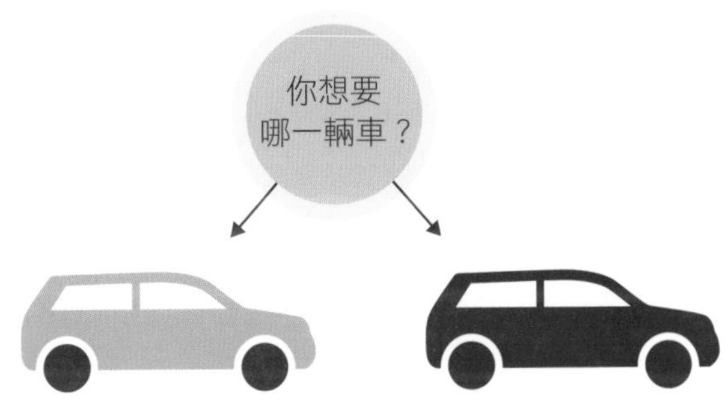

Part 2
如何更了解自己

心流模型

什麼會讓自己快樂

兩千多年以前，亞里斯多德（Aristotle）提出讓人不太意外的論點：人們最想要的就是快樂。1961年，美國心理學家米哈里・契克森米哈伊（Mihály Csíkszentmihályi）提到：「人會為了快樂的緣故去追求快樂，而健康、美麗、金錢或權力等其他目標，會受到重視，是因為盼望它們能為我們帶來快樂。」契克森米哈伊找了一個術語來形容感到快樂的狀態，他稱之為「心流」。然而，我們何時才會在「心流」的狀態呢？

針對「什麼會讓你快樂」的問題，他訪問過一千多人之後發現，所有的回答都有五項共通點。快樂或「心流」會出現在以下的時機：

- 密切專注於某項活動。
- 這項活動是自己的選擇。
- 這項活動不會缺乏挑戰性（無聊），也不會挑戰性太高（耗盡精力）。
- 這項活動有明確的目標。
- 這項活動收到立即的回饋。

契克森米哈伊發現，置身「心流」狀態的人不只能感到深層的滿足，也會由於全神貫注在自己手頭上的事，因而無視時間的流逝，到達全然忘我的境界。音樂家、運動員、演員、醫師和藝術家都表示，當沉浸在常常令人筋疲力竭的活動時，反而是他們最快樂的時候。這種說法完全顛覆一般人認為「要放鬆才會快樂」的觀點。

讓你無法快樂的原因是什麼？

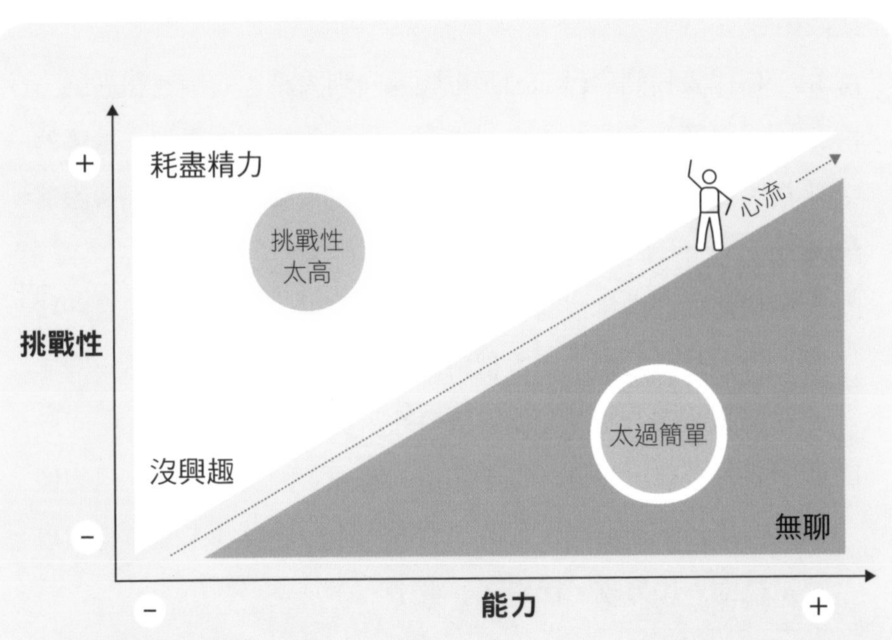

※這個模型有兩軸：挑戰與能力的程度。在這張圖上，寫下三項你最近面對的挑戰，以及你的感受。

周哈里窗

掌握別人對你的風評

人無法「掌握」本身的性格，但可以留意自己的個性當中，有哪些是顯露在外的部分。在描述人際互動上，周哈里窗（Johari window，取自兩位發明者魯夫特〔Joseph Luft〕與英格漢〔Harry Ingham〕名字的第一個音節）是最有意思的模型之一。

這個模型的四格「窗」，將個人覺察（personal awareness）分成四種類型：

A. 這一格代表我們自己知道、也願意向別人講述的個性和經驗。

B. 這個「隱藏」窗格代表自己知道，但是選擇不願對他人揭露的事情。隨著與他人建立的信任關係增長，窗格的規模也會跟著縮小。

C. 有些事情我們本身沒有覺察，但別人看得一清二楚；還有一些事，我們覺得已經表達得很清楚，可是別人的解讀截然不同。在這個窗格中，回饋可能具啟發性，但也會很傷人。

D. 我們有許多自己和他人都不知道的層面，因為我們比自己想像的更複雜、更多面向。人的潛意識裡不時會有些未被發覺的事浮上檯面，比方說，出現在夢境中。

選擇一些你認為能貼切描述你的形容詞（風趣、不可靠等等），然後讓其他人（朋友、同事）選擇描述你的形容詞。接著在適當的窗格中填入這些形容詞。

> 請嘗試和朋友、伴侶做這項練習。他們是否有你希望自己不要發現的事？你又有哪些是寧可不自知的事？

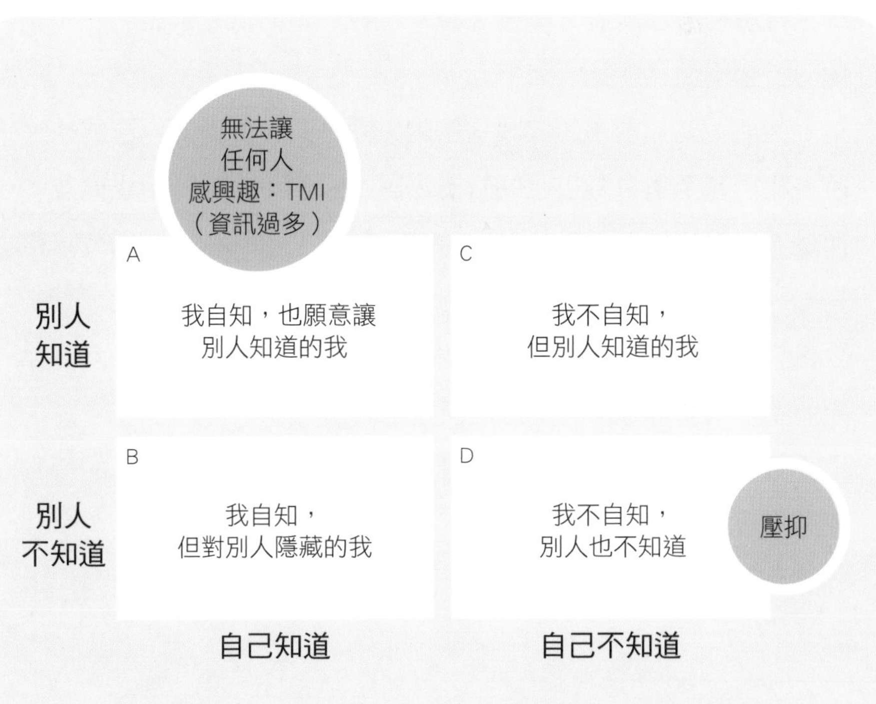

認知失調模型

如何克服明知有錯卻拒絕修正的行為

人的想法和行動之間，往往存在很大的差距：有人明知道某件事不道德、不正確或很愚蠢，卻還照做的時候，就會感到良心不安。美國心理學家利昂・費斯汀格（Leon Festinger）就使用「認知失調」（cognitive dissonance）這個詞，形容人的行動與信念不相符時的心理狀態。舉例來說，當我們做的決定被證明是不正確時，卻不願意承認。

然而，為什麼承認錯誤這麼困難呢？為什麼面對自己的缺失時，我們甚至還會為自己的行為辯護？我們不會選擇請求原諒，而是展現出比較不討喜的人性：自我辯護（self-justification）。這是一種自我保護的機制，讓人晚上還睡得著，並擺脫自我懷疑。人都只會看到自己想看的事，對於有違自身觀點的事情，就一律視而不見，還會尋求能支持自己立場的論點。

可是我們怎樣才能克服這種失調呢？這要從改變本身的行為或態度著手。

> 偉大的國家就像一名君子：犯錯時，會覺察；覺察後，會承認；承認後，會修正。他會把指出錯誤的人當成最仁德的恩師（編注：作者是引用老子《道德經》第61章的英譯）。

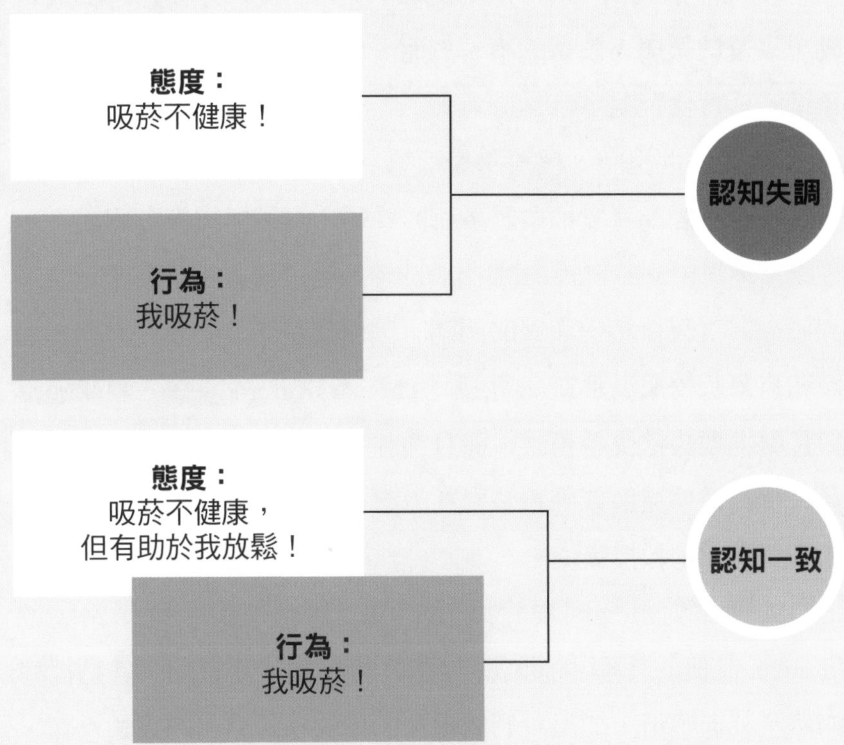

※你上次意識到自己認知失調是什麼時候呢？何時意識到你的夥伴也有認知失調呢？

匪夷所思模型

什麼是你深信不疑卻無法證實的事

模式能解說萬事萬物相關聯的方法、我們應該如何採取行動，以及該做與不該做的事。然而，模式是否也會妨礙我們看清事情的真實樣貌呢？

早在18世紀時，經濟學家亞當・斯密（Adam Smith）就警告，不應該因為喜愛抽象體系而沖昏頭；兩個世紀後，亞伯特・愛因斯坦（Albert Einstein）由於認清所有的模式和「邏輯」體系到頭來其實只是相信與否的問題，因而獲得諾貝爾獎。科學史學家和科學哲學家湯瑪斯・孔恩（Thomas Kuhn）主張，科學通常只是努力要設法支持模式，而且往往在模式不符合現實時視而不見。提出這個見解或許無法幫孔恩贏得諾貝爾獎，卻讓他謀得一所菁英大學的教授職位。

人通常對於反映現實狀態的模式深信不疑。哲學家康德（Kant）在他的哲理中探索神存在與否的本體論證明，就是很好的例子。他堅稱，如果我們能想像出如神一般完美的人類存在，那麼神一定存在。我們盲目相信模型即「現實」的例子，在日常生活中也能看見：假如有人告訴我們「人類貪得無厭和自大」，這樣的行為模式可能就會被我們內化，甚至（無意識的）模仿。

➥ 另請參照：黑盒子模型（122頁）、未來該如何做決定（150頁）

> 我討厭現實，但這仍然是吃到美味牛排的最佳地方。
> ——美國知名導演伍迪・艾倫（Woody Allen）

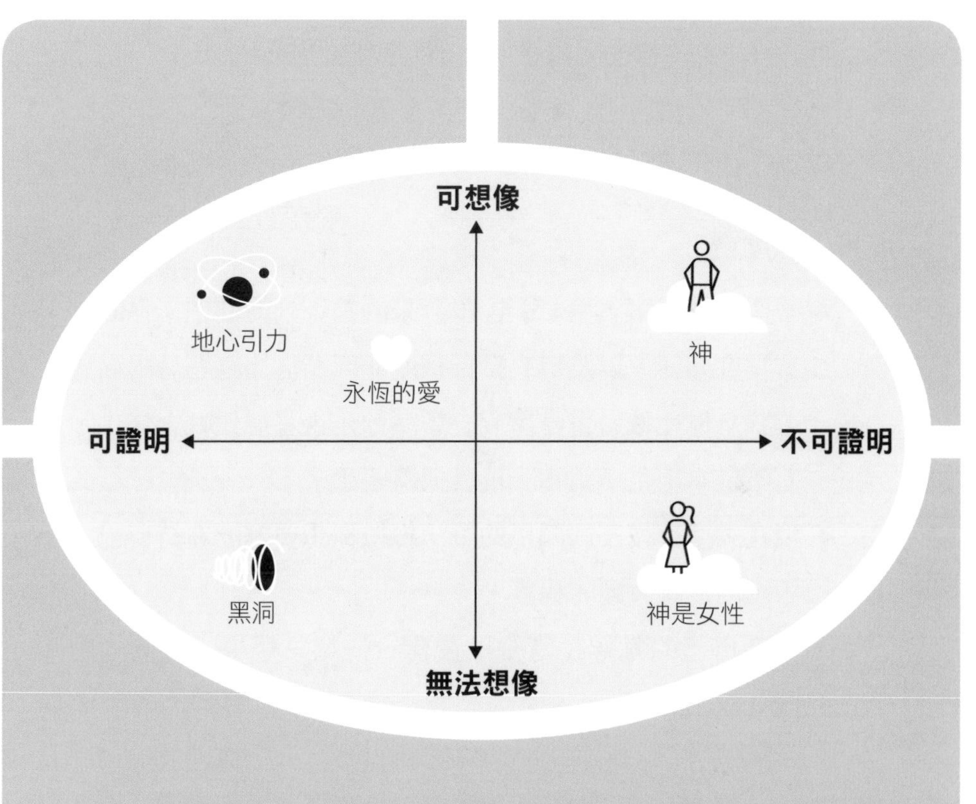

※雖然不了解證據，你卻深信不疑的是什麼？雖然沒有證據支持，但你仍然相信的是什麼？

宇菲・俄利貝克模型

如何了解自己

如果想對自己和其他人有基本的了解，那麼丹麥政治家宇菲・俄利貝克（Uffe Elbæk）的輿論指標（public opinion barometer）是不錯的開始。這個模型會顯示出行為的特質和傾向。

切記，你始終會受到以下四種不同觀點的影響：

- 你如何看待自己
- 你想要怎麼看待自己
- 別人如何看待你
- 別人想要怎麼看待你

進行方式如下

- 不要多加思索，用1分至10分來回答下列的問題：你的合群程度如何，以及特立獨行程度如何？你比較在意內涵或形式？你比較看重身體或心智？你是否覺得比較全球化，而不是本土化？請拿一枝筆把線連起來。
- 現在，換一枝不同顏色的筆，根據你想要怎麼看待自己，標示出這些問題的程度。
- 界定自己的軸線（富裕－貧窮、快樂－悲傷、外向－內向）。

請注意：這只是建立一個概況，而且每條軸線的總合一定是10（不能在全球化10分，本土化也10分）。

什麼事妨礙你成為自己想要的樣子？

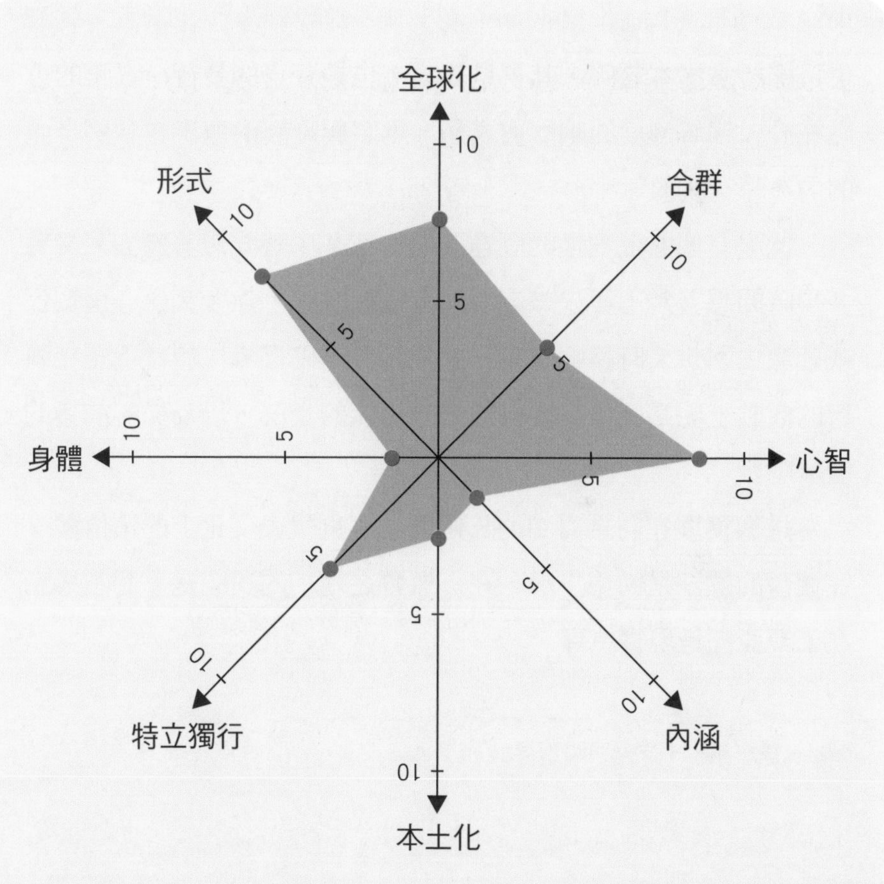

※按照對自己的看法填寫這個模型，接著請另一半或好友為你填寫，再比較結果的異同。

能量模型

你是否活在當下

總說人應該「活在當下」，但為什麼呢？瑞士的作家帕斯卡・梅西耶（Pascal Mercier）認為：「當我們專注在當下，就深信這樣能掌握本質時，其實是謬誤，也是荒唐的暴行。真正的重點在於，帶著適度的幽默與哀愁，篤定與冷靜的遊走在我們身處的內在時空狀態。」

此處有個非批判性的問題：你會花多少時間想著過去，又有多少時間想著當下與未來呢？或者換個說法，你多久會心懷惆悵或感激去回想來時路呢？多常感覺到自己確實專注於當下正在執行的活動上呢？又多常要料想未來可能的景況，以及擔心前景的發展呢？

這個模型在右頁看到的三個例子，也代表文化上的價值觀：在懷舊的歐洲是回憶主導，在「機會之地」的美國是夢想主導，在工業亞洲是現實主導。

➥ 另請參照：十字路口模型（82頁）

> 你改變不了過去，但憂慮未來會毀了現在。

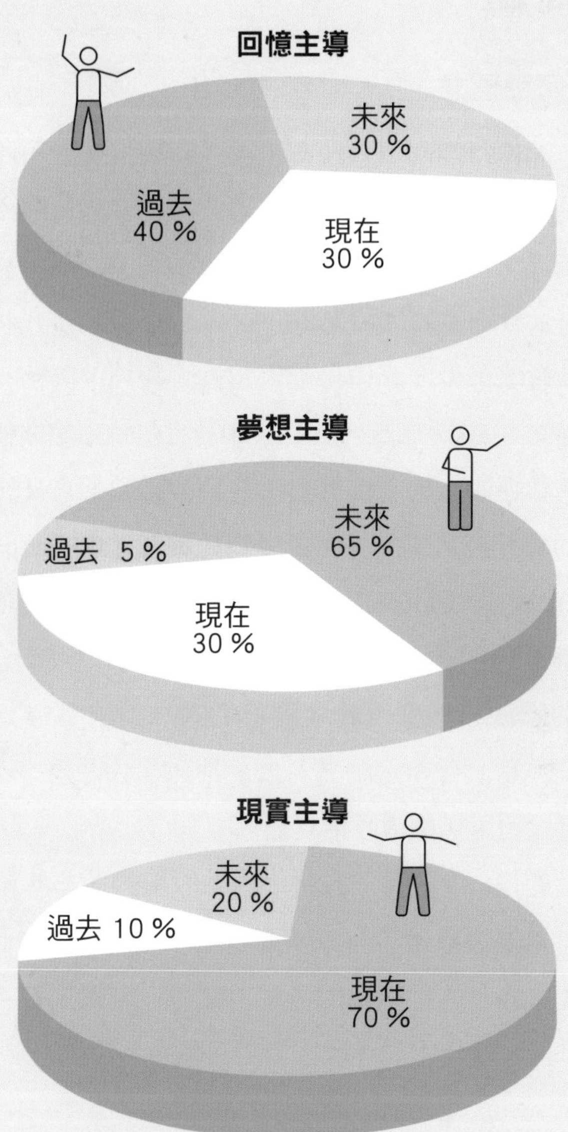

※填入你花多少時間思考過去、現在和未來。

政治羅盤

政黨支持何種理念

雖然大家依舊傾向以「左派」或「右派」來思考政黨，但這種兩極劃分過於簡化，不足以陳述當今複雜的政治環境。舉例來說，英國的工黨（Labour party）和保守黨（Conservative party）在傳統上儘管分別處於政治光譜的兩端，但2000年代時兩黨在共享經濟與社會政策方面靠攏得越來越近。此外，傳統的定義也可能使人誤解。英國獨立黨（UKIP）由於民族主義的立場，因而普遍被視為激進的右翼，但針對一些社會議題，它又比保守黨更偏左。在2017年的大選時，工黨變得比綠黨（Green party）更左傾，而自由民主黨（Liberal Democrat）則擁護威權主義。

過去涇渭分明的政治界限或許變得模糊，但還是有模型能衡量選民的看法和態度，其中最著名的一項工具稱為「政治羅盤」。這個模型上有「左派－右派」與「自由主義－威權主義」軸線，你可以利用它標繪政治立場。

要注意的是，「左派－右派」的軸線指的並非傳統認為的政治傾向，而是經濟政策：左派＝國有化，右派＝民營化。「自由主義－威權主義」的軸線指的是個人權力：自由主義＝所有的權力由個人掌控，威權主義＝國家對國民擁有高度的控制權。

> 武力無法證明誰是對的，只能決定誰留下來（編注：原文「Force does not prove who is right - only who is left.」運用雙關語，left除了左派之外也有留下的意思，right則有右派和正確之意）。
> ——美國社運人士潔西・伍德羅・威爾遜・賽爾（Jessie Woodrow Wilson Sayre）

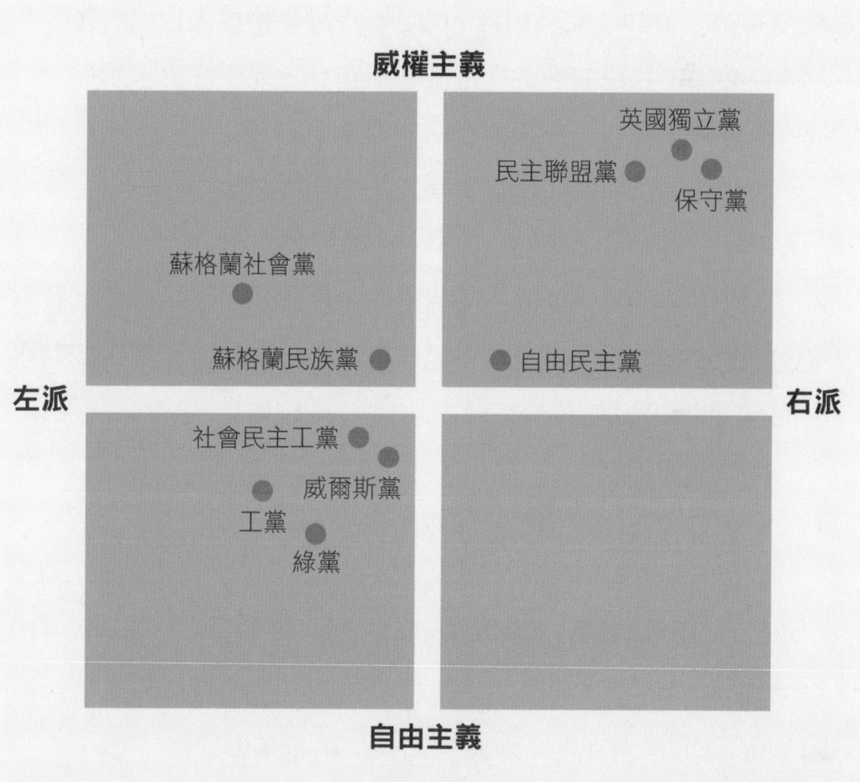

※ politicalcompass.org網站針對2017年英國大選期間的政治情勢分析。藉由這個模型問問自己的立場。你在10年前的立場又如何呢？

個人表現模型

釐清自己是否該轉換工作

很多人對自己的工作很不滿意。但如何衡量工作滿意度呢？這個模型有助於評估自己的工作狀況。

連續三個星期，每天晚上都問自己以下三個問題，然後根據1（完全不符）至10（完全相符）的等級在模型中填入自己的答案：

- **必須**：我目前的工作是被強加在身上或硬性要求的？
- **能夠**：我的工作符合我的能力？
- **想要**：目前的工作符合我真正想要的？

三個星期後，分析每一天個別的「風帆」形狀。如果形狀有「變動」，代表你的工作具有多元性。假如形狀總是相同，問問自己下列的問題：

- 你想要什麼？
- 你是否有能力做自己想要的事？
- 你有能力做什麼？
- 你是否想要做自己能夠勝任的事？

➥ 另請參照：橡皮筋模型（30頁）、心流模型（58頁）

> 如果你辦不到某件事，就必須更加努力。

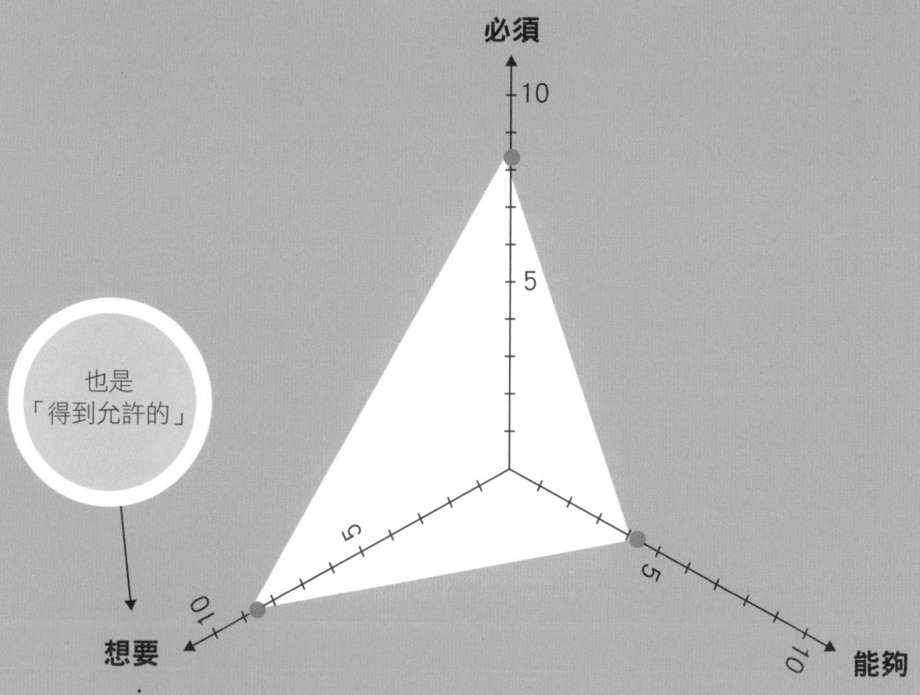

※你目前的工作有多少是被強加在身上的？有多少符合你的能力？又有多少和你想要的相符合？

鑑往知來模型

要決定你的未來，先了解自己的過去

談到策略性的決定，我們的焦點通常擺在未來。我們的夢想在未來才會成真，而我們的願望就會寄託在實現這些夢想。

但為什麼？或許是因為人都覺得可以決定自己的未來。然而，往往忘了每段未來都有其過去，人的未來是奠基於過去。

這就是為什麼重要的問題並非「該如何想像我的未來？」，而是「如何在過去（例如：一件專案的過往經歷）和未來之間搭起橋梁、建立連結？」這個模型的靈感來自葛洛夫顧問公司（The Grove consulting agency）開發的視覺規畫系統，能幫助我們判斷哪些事與過去相關，哪些事可以忽略，又有哪些事可以帶向未來。

做法如下：決定一段時間範圍（例如：去年、求學期間、婚姻，或是公司創立至今），然後回想這段期間的一開始。這個過程可以團體或個人單獨進行，然後在時間軸上加入以下內容：

- 目標（當時）
- 你學到的事物
- 障礙（你克服過的）
- 成功
- 參與者

填寫完這份模型，你會發現連結過去的重要性。

> 回憶是唯一無法將我們驅逐的樂園。
> ——法國知名時裝設計師尚・保羅（Jean Paul）

目標（當時）

你學到的事物

障礙（你克服過的）

成功

參與者

※選擇一段時期，回答以下問題：你當時的目標是什麼？你學到什麼？你克服過哪些障礙？

個人潛力陷阱

為什麼不抱任何期望比較好

「這個孩子很有前途喔」——任何人聽到外人給自己這種評語，或許已經能猜想到這是個人潛力陷阱，它意謂著「為了實現這種期望，要終其一生奮鬥」。

對於有才華的人來說，這是詛咒。有人會說：「他只是需要找出自己真正想要什麼。」別人不會注意到他們的短處，只會羨慕他輕而易舉就能獲得成功。一開始，才華和魅力這種具吸引力的組合，會讓他們得利，但也很致命。因為其他天資不高的人開始努力，他們就得被迫靠邊站，看著曾經仰望羨慕他的人開始取代他。個人潛力陷阱有清楚的軌跡。在這個模型中可以看見三條曲線：

- 我對自己的期望
- 別人對我的期望
- 我實際的成就

一旦其他人對你的期望和你實際的成就出現過大的分歧時，就會看到這個陷阱。一般來說，有才華的人會很從容的符合期望，直到危機點出現。而解決的方式就是做出80分的承諾，卻繳出120分的成績。

你的自我期望，可以別像你「自認的別人期望」那麼高嗎？

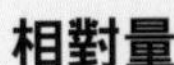

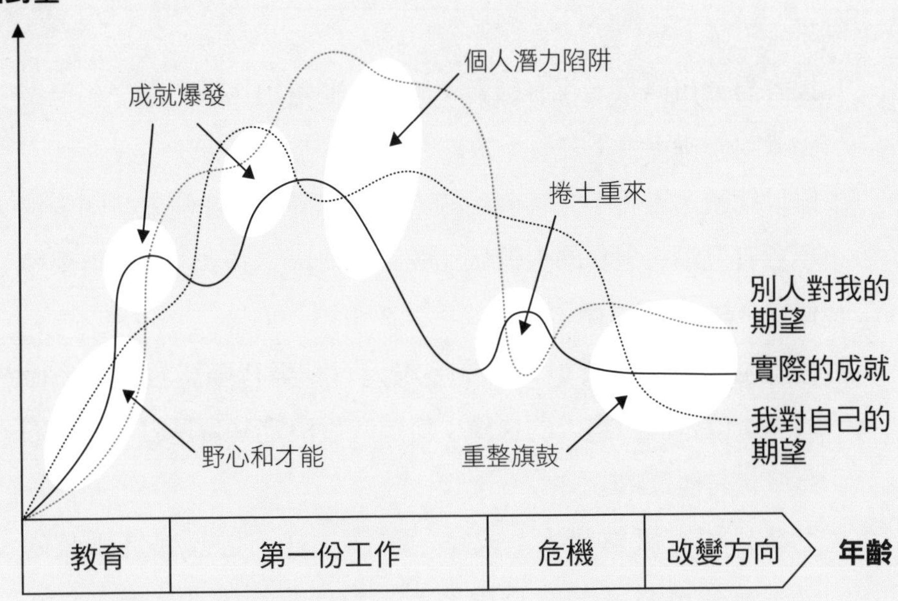

※這個模型有三條曲線：我對自己的期望、別人的期望，以及我的成就。假如三條曲線的分歧過大，你就會落入個人潛力的陷阱。

艱難抉擇模型

做決定的四種方法

理論上來說，每一個決定都有兩種參數：兩個選項相較之下如何，以及決定的影響多大？列在矩陣中後，可能有四種不同的結果：

1. **很容易分出高低，沒有影響：**其中一個選項比另一個好，但做出錯誤的決定也不會有（太大）的影響。
2. **難以比較，影響不大：**今晚該去參加派對或早點睡覺？兩個選項各有優點，但真的很難做比較。即便決定其實沒那麼重要，但它會讓決定很困難。
3. **很容易比較，影響很大：**當發現只有一種行動能救自己一命時，這就是面對重大的抉擇；但這時做決定其實是容易的，因為沒有其他選項了。
4. **很難比較，影響很大：**成家、轉換工作，這些都是艱難的決定，卻沒有清楚的正確答案。根據哲學家張美露（Ruth Chang）的說法，無論最後做出什麼決定，都必須有主觀的（個人的）論點來支持。在這種情況下，理性的權衡其實無法幫你。

> 沒有最好的選擇。與其向外尋找理由，不如往內心探求。
> ——張美露

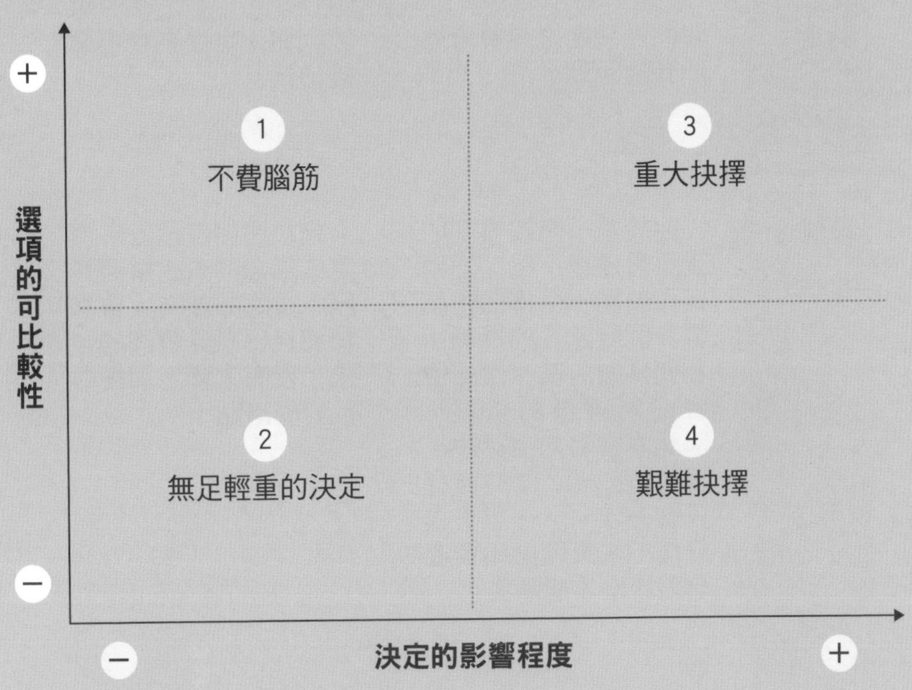
+
1
不費腦筋
3
重大抉擇
選項的可比較性
2
無足輕重的決定
4
艱難抉擇
−
−
決定的影響程度
+

認知偏誤

我們思考時常犯下的四種錯誤

	錨定效應	確認偏誤
假定	我們做決定之前會考慮所有的因素。	我們做決定之前會客觀評估情況。
實情	人對於第一時間得到的資訊最深信不疑：聽到某人的第一個傳聞會影響我們對此人的評判；我們獲取的第一次報價會成為議價的依據。因此才會有句俗話說：「給人第一印象的機會只有一次。」一旦下錨以後，未來就必須費盡心力說服才能動搖它。	人會以證明自己既有假定或信念的方式解讀資訊。反之亦然：人會擋掉和自己意見牴觸的資訊。沒有人會上網搜尋反對的論點。
解決方法	不要相信第一印象。	假定自己是錯的。

※認知偏誤是指我們無意識做出的判斷所犯的系統性誤差，會影響我們的決策。你無法排除這些偏見，但可以精進自己的思維能力。

可得性偏誤	快／慢偏誤
我們做特定決定之前，會有很好的論點。	我們相信自己憑直覺能做出正確的決定。
人的論點會根據簡單、現成，尤其是出於自身經驗的資訊。你開福斯汽車發生過車禍？福斯的車真的很糟！你以前的波蘭女友很漂亮？波蘭人都是帥哥美女！	雖然憑衝動做出的決定也可能是好的（➡ 另請參照：50頁的潛意識思考理論），但並非總是如此。《快思慢想》（*Thinking, Fast and Slow*）的作者丹尼爾・康納曼（Daniel Kahneman）界定了兩種思考風格：系統一（快速與直覺式）和系統二（慢與謹慎）。舉例來說，咖啡加餅乾要1.10歐元，咖啡比餅乾貴1歐元。餅乾要多少錢？ 大部分的人會立刻回答10歐分，這是系統一的思考方式。但假如你更小心思考（系統二），會得出正確答案：餅乾值5歐分
不要相信出自自身經驗的證據。	寄出電子郵件之前再重新讀一遍。

十字路口模型

你接下來該何去何從

人的一生當中都會遇到站在十字路口上，然後問自己該何去何從？十字路口模型能幫助我們找到人生的方向。根據下列的問題，完成這個模型：

1. 你的來時路？

你如何成為現在的模樣？你的人生當中有哪些重大的決定、事件和障礙？影響你最深的人是誰？想想你的教育背景、家庭、成長的地方。寫下你認為很重要的關鍵字。

2. 什麼事對你來說很重要？

寫下最先浮現腦海的三項事情，不需要很詳細或很具體。你的價值觀是什麼？你相信什麼？哪些原則對你來說很重要？當一切都毀掉的時候，還剩下什麼？

3. 哪些人對你很重要？

這部分請想一下你重視誰的意見？誰能影響你的決定？誰又會受到你的決定影響。想想你喜愛及懼怕的人。

4. 什麼事會阻撓你？

你的人生中，有哪些層面會阻撓你思考真正重要的事物？在你的腦海中有哪些要在截止期之前完成的事，又有什麼事阻撓你？哪些事你必須做？何時要做？

5. 你害怕什麼？

列出引發你憂心、剝奪你力量的事物、情境或人。

看看你記下的內容，遺漏了哪些事？浮現哪些議題？你寫下的關鍵字是否能說明讓你變成今日樣貌的經歷？如果必要的話，請記下更多關鍵字和問題。現在，看看你前方的道路。此處有六條道路的例子，請你都想像一下：

1. 我已經走過的道路。
2. 在前方召喚的道路——你一直想嘗試什麼？
3. 在你最狂野的夢想中（無論能否實現）曾想像過的道路——你的夢想是什麼？
4. 對我來說似乎是最切合實際的道路，而且我看重其意見的一些人也會建議我走這條路。
5. 未曾走過的道路——你以往從未考慮過的道路。
6. 曾讓你感覺安心的回頭路。

路，由你來決定。

你上次嘗試新事物是什麼時候呢？

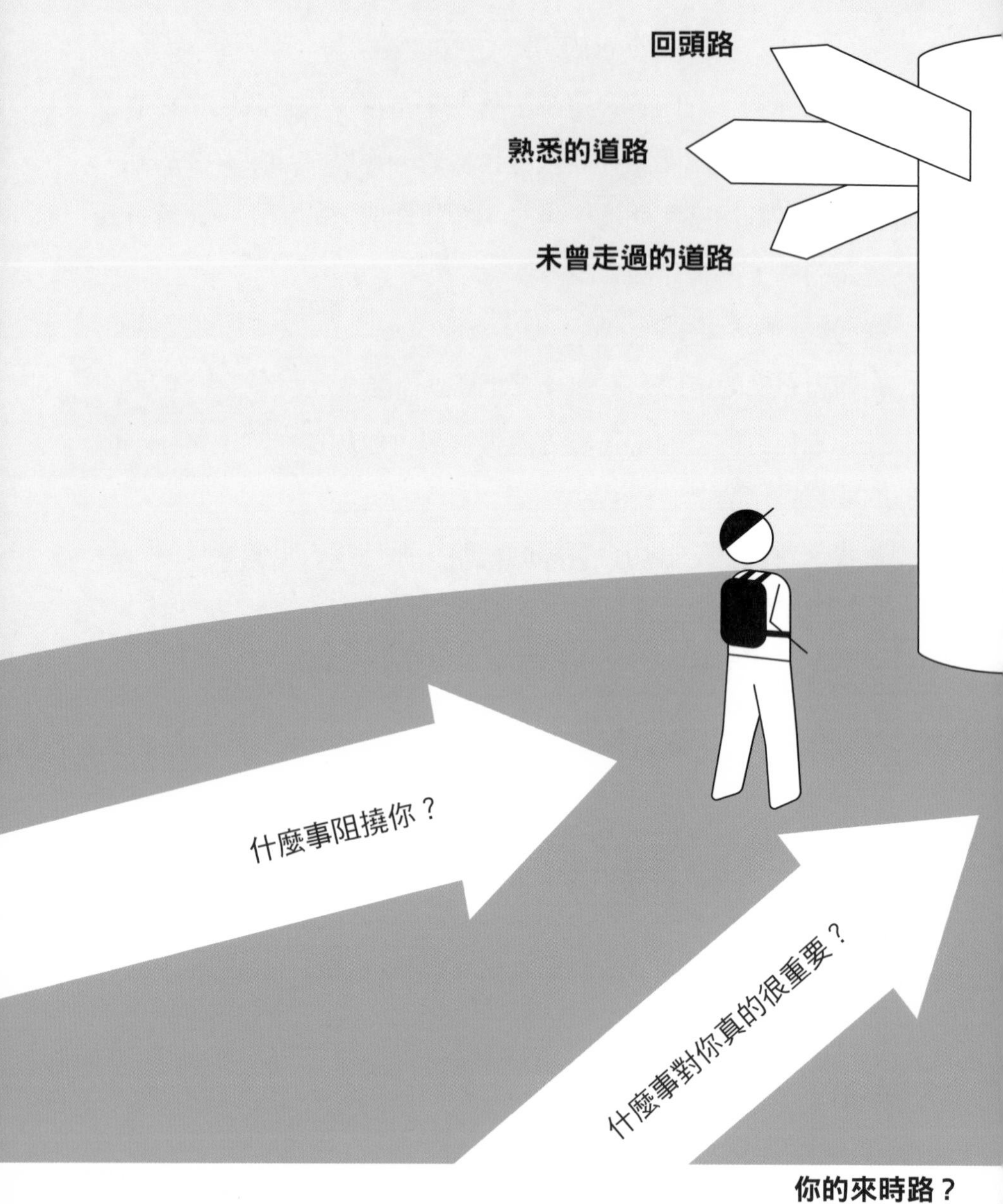

※請自己或和一位好友回答這些問題。接著想想看你可以走的道路。

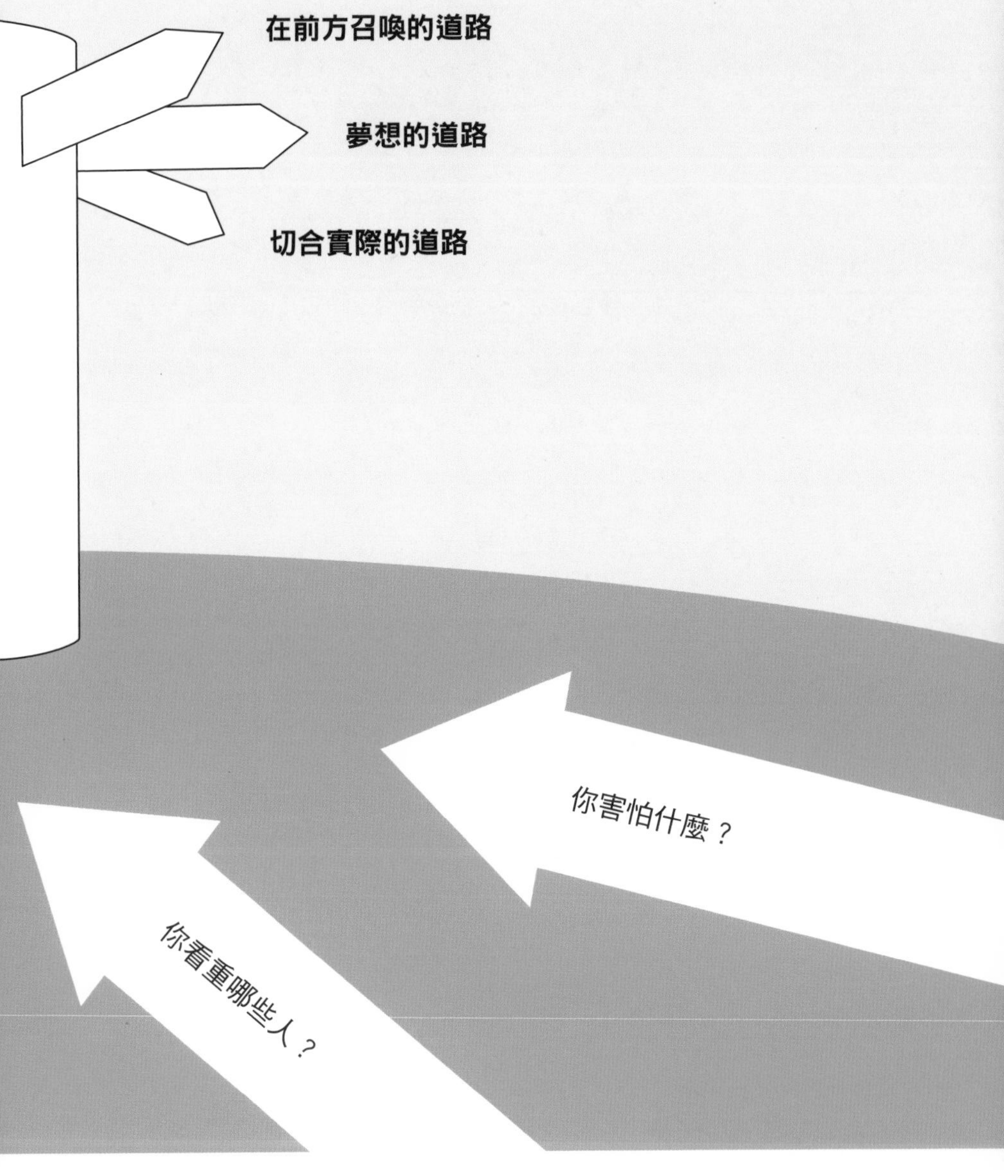
在前方召喚的道路
夢想的道路
切合實際的道路
你害怕什麼？
你看重哪些人？

Part 3
如何更了解別人

倫斯斐矩陣

如何更有效率的分析風險

有一項比較有趣的風險分析法，提出者是多次在風險分析中嚴重誤判的人物。這個人是美國第43任總統喬治・布希（George W. Bush）時期的國防部長唐納德・倫斯斐（Donald Rumsfeld）。在2002年的一場記者會中，他用了一個模型來回答記者關於「伊拉克是否窩藏恐怖分子」的問題。他提到：

1. 已知。
2. 未知。

這兩項參數會形成四種風險類型：

1. **已知的已知風險：**這是我們已經知道的風險，並已經發展出對策。舉例來說，擔心小偷的人會鎖腳踏車。
2. **已知的未知風險：**這是我們知道會存在的風險，卻無法預測。舉例來說，我們知道股市有時會崩盤，但沒有人能精確預測何時會發生，或者崩盤的嚴重程度。
3. **未知的已知風險：**舉例來說，科學家假設有些事我們知道的比自認的還要多。無論你要說這個部分是直覺、內心的聲音、本能反應都好，但牽涉到做決定時，以下就是重點：比起花很多時間思考出來的決定出錯，我們更容易原諒憑直覺做的決定有失誤。換句話說：比起大腦，我們更容易原諒直覺。
4. **未知的未知風險：**有些事，我們未必知道自己一無所知。這些就會成為我們考慮不到的風險，因為從未想到這種風險的存在。舉例來說，當珍珠港在1941年被日本的神風特攻隊轟炸時，美軍毫無防備，因為他們從未設想過這樣的攻擊。而根據倫斯斐的說法，美國在伊拉克面對的「無法預測」的威脅，就是這種風險。

因此，從這個模型中可以學到什麼呢？我們會建議你不要雇用唐納德・倫斯斐擔任風險分析師，但他的結論很值得我們深思：出其不意襲擊我們的災難，反映的是想像力不足。

➥ 另請參照：黑天鵝模型（116頁）

> 風險，就是我們以為自己思慮周詳後剩下的東西。

已知風險

※「未知的未知風險」（第四類）：日本攻擊珍珠港是美國始料未及的事件，因為這根本無法想像。

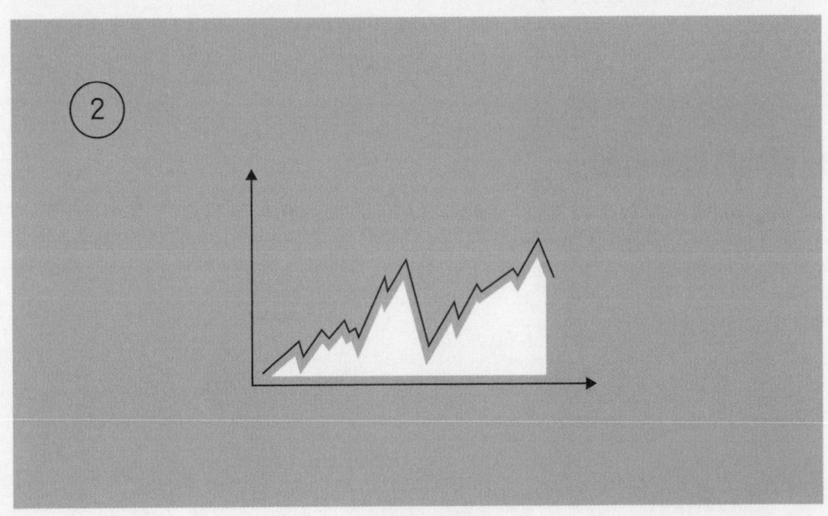

未知風險

瑞士乳酪模型

錯誤是怎麼發生的

犯錯是人之常情。有些人會從錯誤中記取經驗，有些人則會重蹈覆轍。對於錯誤，以下是你必須知道的事。

1. 錯誤的類型

- 真正的錯誤：執行錯誤流程發生的錯誤。
- 中斷：遺漏部分流程發生的錯誤。
- 失誤：發生在流程正確但方式錯誤時。

2. 錯誤的發生分成幾種層面

- 技術層面的錯誤。
- 規則層面的錯誤。
- 知識層面的錯誤。

3. 促成錯誤的因素

- 參與的人：上司、團隊、同事、朋友。
- 技術條件：設備、工作場地。
- 組織元素：要完成的任務、時程。
- 外在影響：時間、經濟景氣、心情、天氣。

對於錯誤的成因和影響最引人注目的說明，是英國心理學家詹姆斯・瑞森（James Reason）的人為失誤（human error），或者所謂的瑞士乳酪模型（Swiss cheese，1990年）。這個模型以有很多孔洞的瑞士艾曼塔乳酪（Emmental cheese）切片比喻錯誤發生的不同層面。在零錯誤的世界裡，就像沒有孔洞的乳酪。但現實世界，猶如被切成薄片的乳酪，而且每一片都有許多孔洞，每片乳酪的孔洞位置也不同。這些孔洞可以想像成是錯誤的管道。單一的錯誤如果只在其中一片乳酪上穿出一個孔洞，還不會被發現，或是無關緊要；然而，假如不同切片的孔洞剛好對準，讓錯誤得以穿過所有防衛機制的漏洞，就會釀成大災難。這個模型適用於錯誤會造成致命後果的任何場所，比方說，醫學和飛航領域。

➥ 另請參照：結果最佳化模型（140 頁）

> 經驗，是人人為自身錯誤冠上的美名。
> ——王爾德

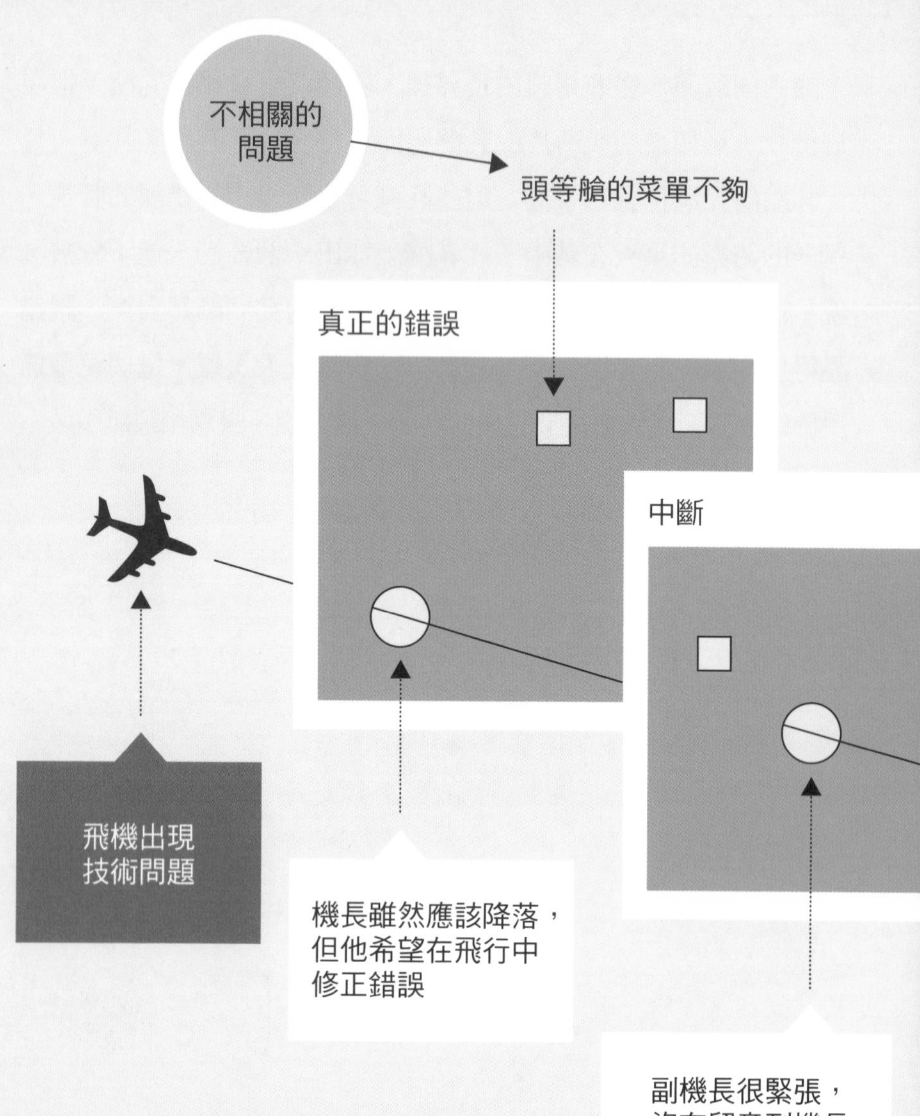

※這張插圖呈現出當三個不同的層面都出現錯誤，而且「乳酪的三個孔洞」剛好對上時，會發生的情形：1. 機長犯了錯；2. 副機長反應錯誤；3. 嘗試修正錯誤的過程中，又犯下另一項錯誤。

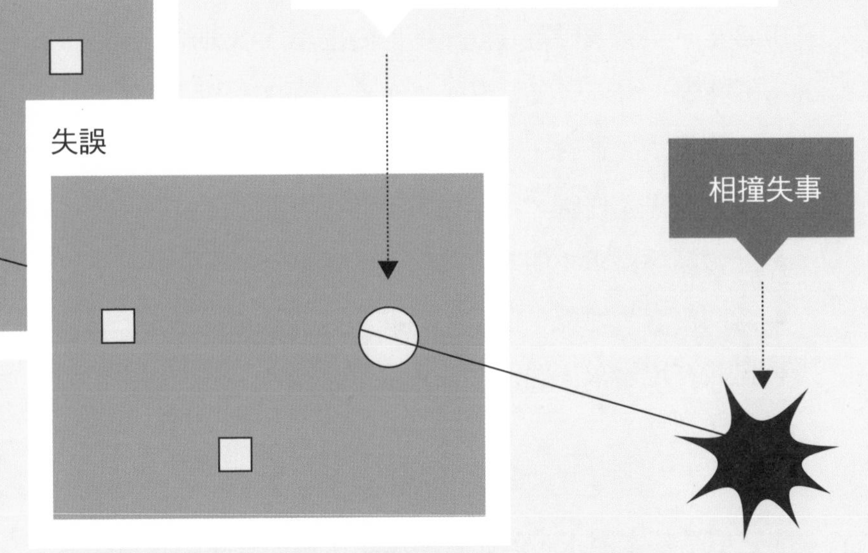
機長現在意識到錯誤，
想要降落。
塔臺告訴他朝東改變航向，
機長卻朝西轉。
另一架飛機正朝這架飛機而來……
失誤
相撞失事

馬斯洛金字塔

真正需要與真正想要的

2003年德國電影《希蘭克爾》（*Hierankl*）的開場白提到：「三個最重要的問題是：你有性生活嗎？你成家了嗎？你還會鍛鍊腦力嗎？如果三題的答案全為肯定，那你是過著置身天堂的日子；只有兩個肯定，那你擁有快樂的要件；若只有一個肯定，那你求的是生存下去的所需。」這部電影不怎麼樣，但是提出的問題還不錯。

1943年，美國知名心理學家亞伯拉罕・馬斯洛（Abraham Maslow）發表「需求層次」模型。他將人類的需求歸類如下：

- 生理需求（進食、睡眠、溫暖、性）。
- 安全需求（住處、工作保障、健康、抵禦逆境的保障）。
- 社會關係需求（朋友、伴侶、愛情）。
- 認同需求（地位、權力、金錢）。
- 自我實現需求（個別性、實現個人潛力，但也包含信仰及自我超越）。

前三項是基本需求，假如皆能滿足，個人就無須在這些層面多費心思。後兩項則是渴望或個人成長的需求；這是永遠都不可能真正滿足的需求。如果比較一下我們的渴望與需求，這個金字塔模型就變得很有意思。

> 根據西方世界的經驗法則：我們最渴望的事物，其實是我們最不需要的。

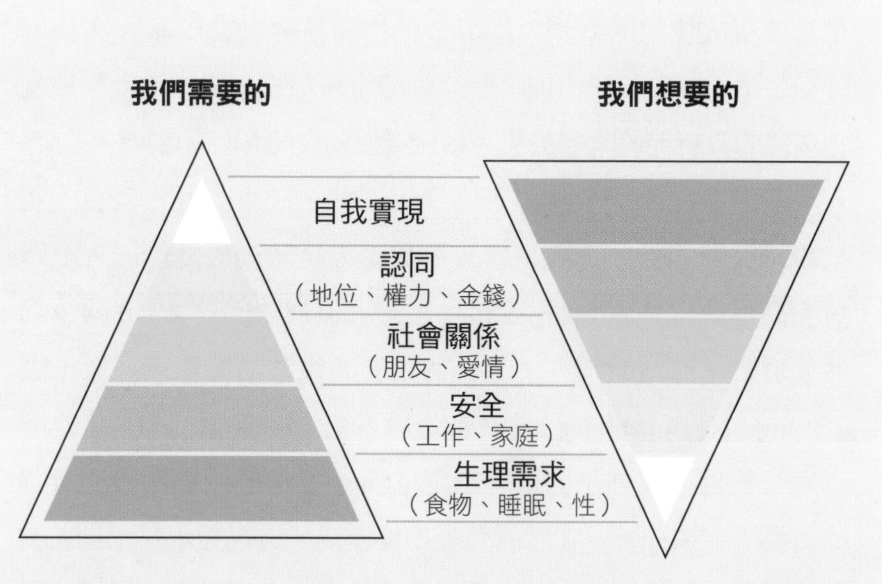

※創造你個人的基本需求金字塔。你擁有什麼？你想要什麼？

氛圍圈與布迪厄模型

定位你的歸屬

氛圍圈（sinus milieu）模型是一種心理變數（psychographic，或稱心理統計）的方法，用來建立一個人歸屬的各種社會文化族群。它通常應用於行銷時定義目標客群。這個概念源自法國社會學家艾彌爾・涂爾幹（Émile Durkheim），而接下來兩頁的圖表是比較少人使用的版本，由另一位法國社會學家皮耶・布迪厄（Pierre Bourdieu）提出的，是以軸線呈現的模型。布迪厄對於文化消費的分析促使大家去思考根深柢固的文化偏好和習慣。

氛圍圈由於過於狹隘經常受人詬病。確實如此。假設「我父親是公車司機，母親是嬉皮，我本人是時尚設計師，有空時會和高爾夫俱樂部的朋友廝混」，它就沒辦法回答：「我歸屬哪個族群？」而這類模型（另一個重要的模型是德國寧芬堡集團〔Gruppe Nymphenburg〕提出的邊緣系統〔Limbic®〕類型）之所以廣受歡迎，或許是因為「鎖定」（lock-in）的原則：幾乎所有的市場研究或分析，在意的就是市場區隔。這也顯示，一旦主流已經習慣一套系統時，其他系統就很難取得一席之地。習慣的力量就是勝過對進步的渴望。

> 我們的起源就是我們的未來。
> ——德國哲學家馬丁・海德格（Martin Heidegger）

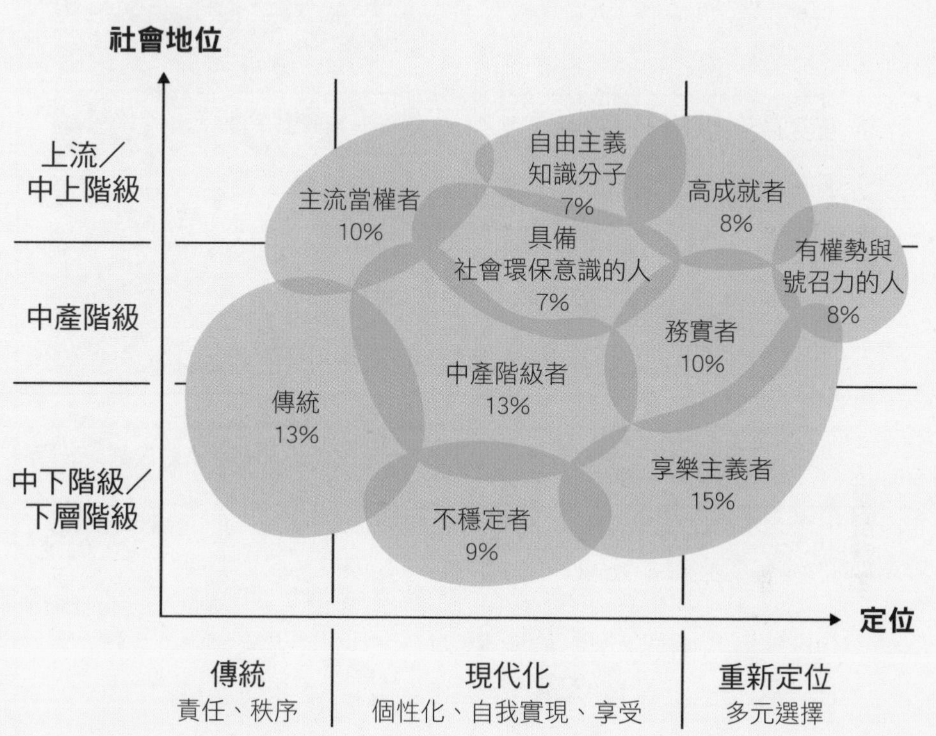

※氛圍圈模型：你會將自己定位在哪裡呢？你會怎麼定位父母呢？你會希望別人怎麼定位你呢？

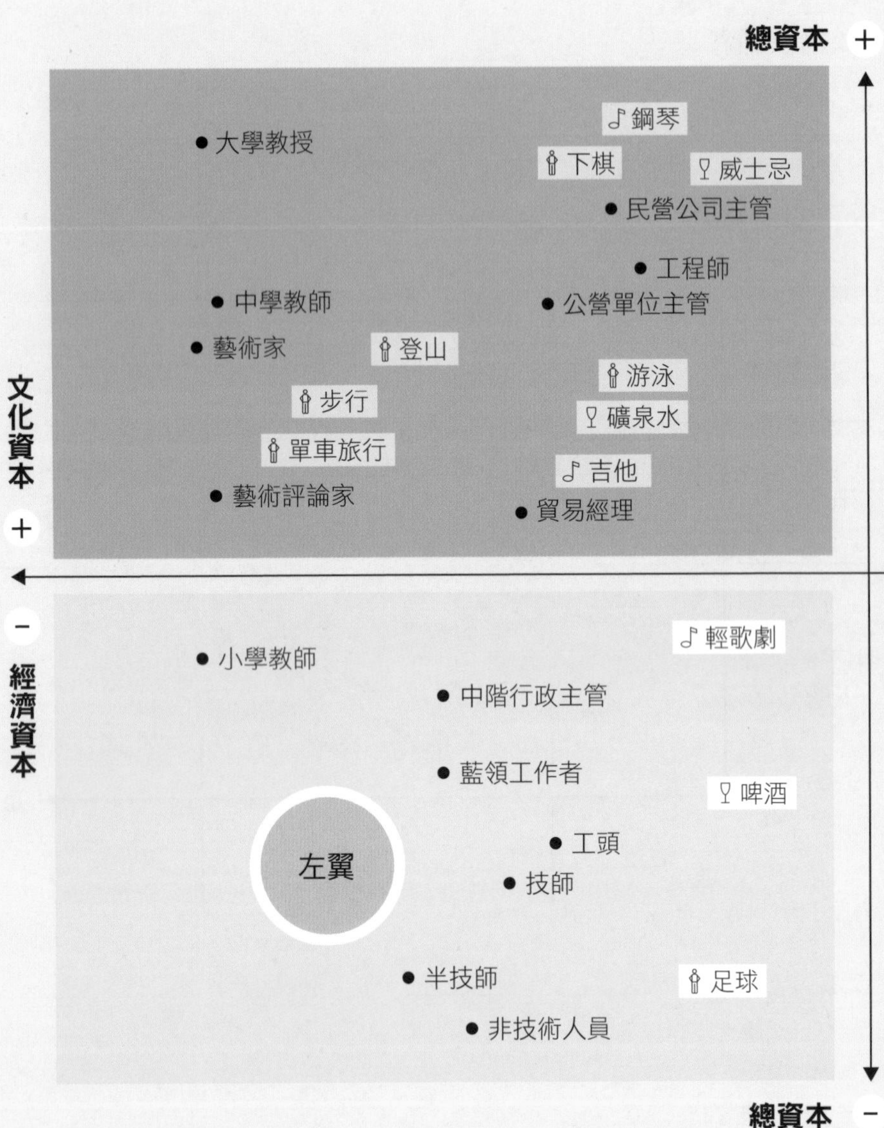

※布迪厄模型：你會將自己定位在哪裡呢？你會怎麼定位父母呢？你會希望別人怎麼定位你呢？

（文化與經濟）

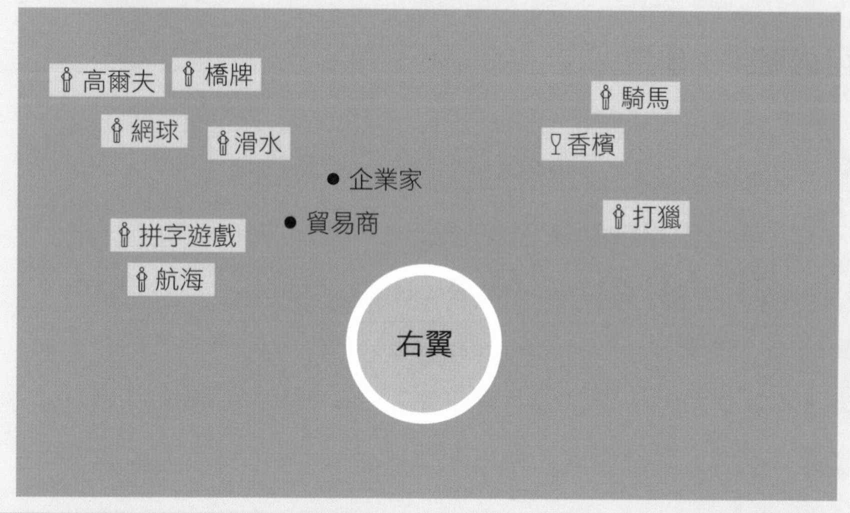

文化資本
−
+
經濟資本

小型企業主
零售商
法式滾球
氣泡酒
釣魚
農夫
手風琴
餐酒
農場工人

（文化與經濟）

雙迴圈學習模型

如何從錯誤中學習

雙迴圈學習有兩個部分：反思自己的行為，以及從中學習。乍聽之下非常簡單，但實際上簡直是難如登天的事。

這套理論是根據系統理論學家海因茲・馮福斯特（Heinz von Foerster）和尼克拉斯・魯曼（Niklas Luhmann）的研究，尤其是「二階觀察」（second-order observation）的概念。嚴格來說，這不算是模型，而是成為專家達人的一種技巧。那麼，該如何掌握這項令人夢寐以求的技巧呢？很簡單：你要學習如何觀察「一階觀察者」。

一階觀察者看事情，是看表象。對他們來說，世界一點也不複雜。相照之下，二階觀察者會從一階觀察者眼中所見，分析他們看事物的「方式」。換句話說，二階觀察者留意的是「觀察的方式」。在觀察的過程中，一階觀察者不會注意到自己的觀察方式，這是他們的盲點。二階觀察者正是認清這個盲點，才成為專家達人。他們能夠指點一階觀察者採取不同的方式觀察，進而以不同方式看待事情。

根據上述關於觀察的概念，心理學家克里斯・阿吉利斯（Chris Argyris）和哲學家唐納德・熊恩（Donald Schön）發展出雙迴圈學習。在最理想的情況下，單迴圈（一階觀察）是最佳方法，順利運作的事物不需要更動，只要反覆做即可。但在最糟的情況下，這就是最差勁的做法。因為相同的錯誤重蹈覆轍，或者只是解決問題，並沒有探詢問題一開頭的成因。

在雙迴圈學習中，我們會思考與質疑自己正在做的事，並試圖打破自己既定的模式。不會只是採取不同方法做事情，而是去思考自己為什麼會以你現在的做法做事情。你的行動背後的目標和價值是什麼？如果你完全了解這一切，就能改變它們。

雙迴圈學習本身的問題在於：我們宣稱打算做的事（所謂的信奉理論〔espoused theory〕）與實際上的作為（所謂的使用理論〔theory in use〕）會有落差。如果我們確實想要改變一件事，那麼光是對員工或自己訂立指導原則或下達指令是不夠的。我們只會把這當成指令（信奉理論）。當我們重新審視自己更深層的理由、目標和價值的時候，改變才會發生。這才是影響使用理論的「力場」。

➥ 另請參照：黑盒子模型（122頁）

我們值得擁有自己所擁有的。只要不去改變就好。

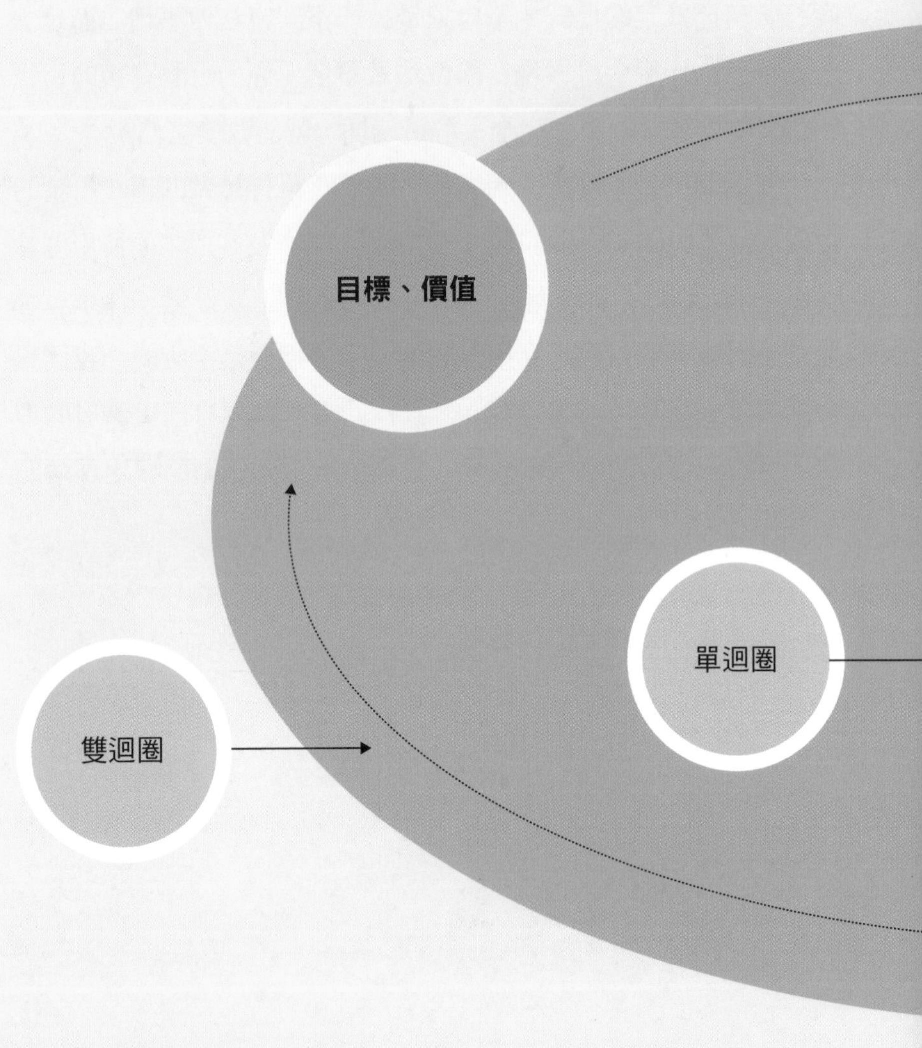

※你上一次打破生活中熟悉的模式，真的以不同方式行動是什麼時候？你想打破哪一種模式？你遇到的阻礙是什麼？

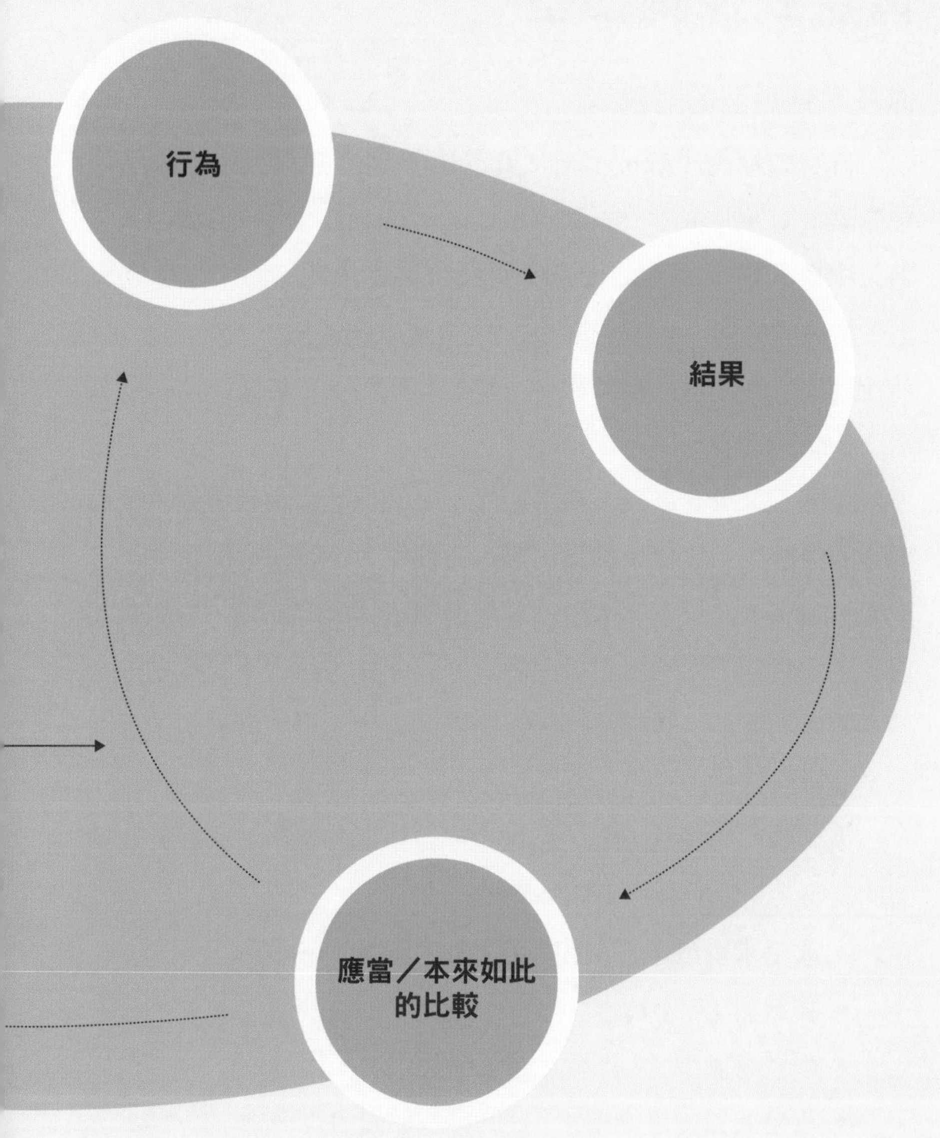
行為
結果
應當／本來如此
的比較

肯定式探詢模型

你是哪種類型的討論者

肯定式探詢（Appreciative Inquiry，縮寫為AI）是美國管理學專家大衛・庫柏里德（David Cooperrider）提出的方法，其焦點集中於公司或個人的優點、正面特質和潛能，而不是在弱點上。常見的探問：「有什麼問題？」，要改換成以下的問法：「目前什麼事真的進行得很順利？」聚焦於缺陷上，會從一開始就製造出負面的印象。

每個人、每套系統、每項產品、每個構想都會有瑕疵。在最理想的情況中，能覺察到這一點，會促使人下定決心追求完美。然而，在許多情況下，太過執著於構想或專案的缺點，會扼殺開放與正向肯定的做法，而這又是良好的工作方法裡不可或缺的。基本的原則就是：接納發展尚未完善的構想，繼續發展下去，而不是太早放棄。

人們參與討論的方式，往往會洩露自己的性格。而面對建議時的反應，可以分為以下四種類型：

- **吹毛求疵型**：「這個構想不錯，但是……」
- **獨裁型**：「不行！」
- **學校老師型**：「不行，這個構想不好，因為……」
- **肯定式探詢思維型**：「好的，我們還可以……」

> 隨便任何一個蠢人都會批評，而大部分的蠢人也確實如此。
> ——美國博學家班傑明．富蘭克林（Benjamin Franklin）

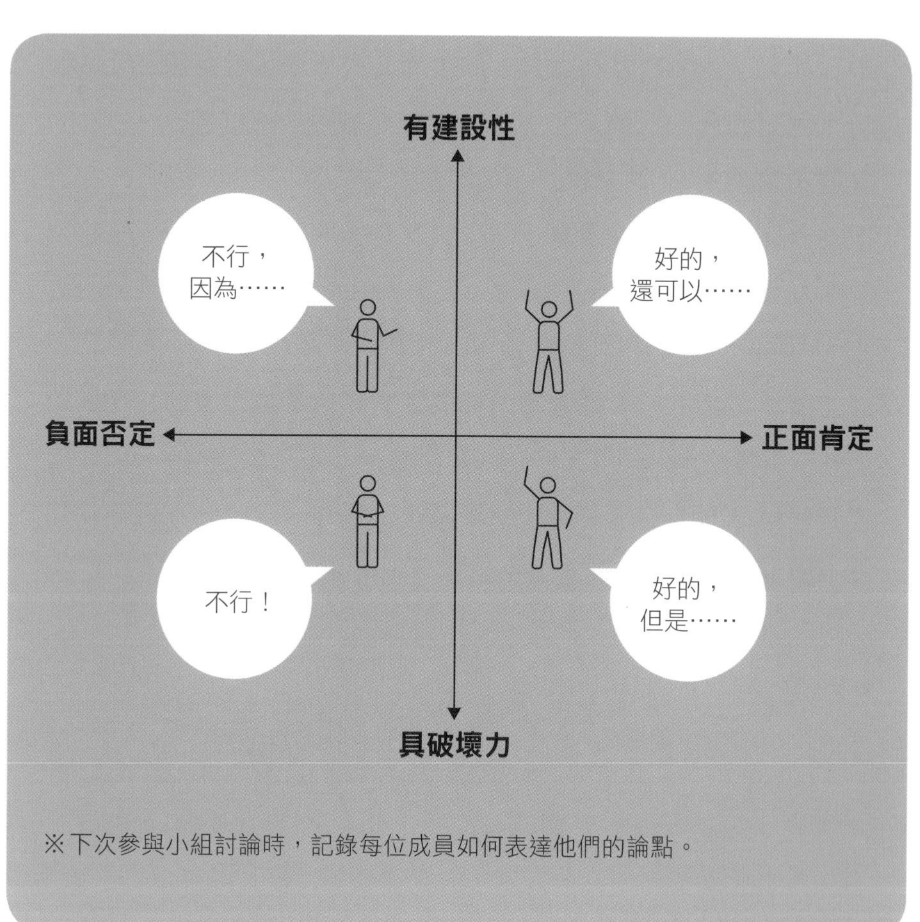

※下次參與小組討論時，記錄每位成員如何表達他們的論點。

帕雷托法則

80%的產出來自20%的投入

二十世紀初，義大利經濟學家維弗雷多・帕雷托（Vilfredo Pareto）觀察到，義大利80%的財富，掌握在20%的人口手中。不只如此，20%的勞動者做了80%的工作，20%的罪犯犯下80%的罪行。如今，我們知道20%的駕駛造成了80%的車禍，20%的避險基金投資80%的資金，20%的酒吧客人喝掉80%的酒。衣櫃裡的衣服，我們會穿到的只有20%，以及80%的時間是花在20%的朋友身上。在企業的會議中，80%的決定是在20%的時間內確立，而公司80%的獲利都來自20%的客戶（產品）。

當然，帕雷托法則並非所有事都能套用（數學家偏好比較精準的「64/4法則」，因為80的80%是64，20的20%是4）。但任何人希望自己的時間規畫可以達到最佳狀態時，就應該知道花在任務上約20%的時間，就會帶來80%的成果。

➡ 另請參照：長尾模型（110頁）

> 我絕對要去上時間管理課……要是我能排進行程表的話。
> ——美國學術作家路易斯・E・布恩（Louis E. Boone）

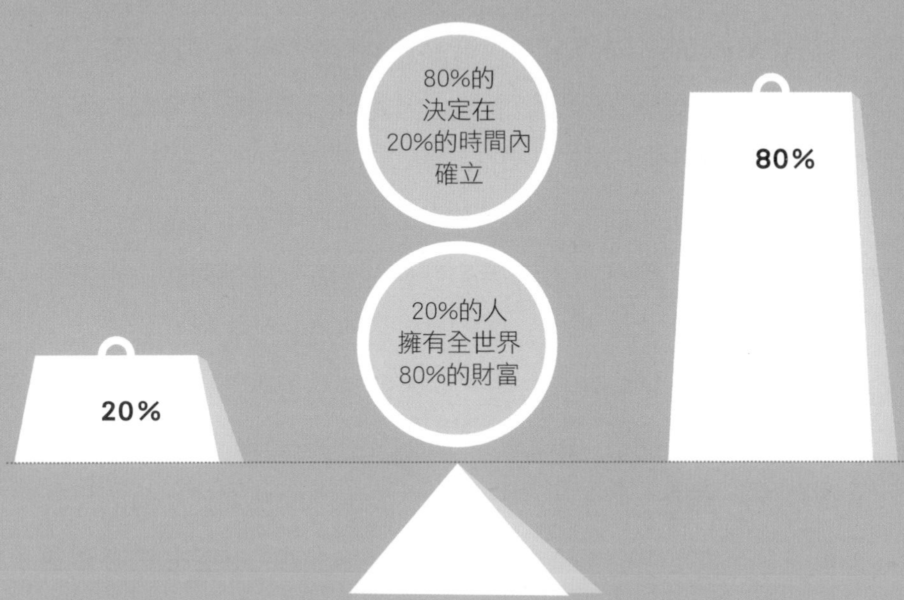

※帕雷托法則描寫一個統計學現象：高價值的小族群對整體的貢獻超過低價值的大族群。

長尾模型

網路如何扭轉經濟

帕雷托法則裡的「20%的產品締造80%營業額」的概念，請先擱一旁。2004年，《連線》（*Wired*）雜誌的總編輯克里斯・安德森（Chris Anderson）宣稱，產品無論再怎麼怪異或沒必要，放在網路上銷售幾乎真的都能賣掉。因此，公司企業逐漸轉向多元性，而不是一致性。

安德森以需求曲線說明他的論點。在最左端，曲線陡升，代表暢銷書或賣座鉅片，占市場的20%。接著，這個曲線向右緩和下滑，代表比較不熱門的書籍和電影。與高峰的區域相較之下，這部分的曲線延伸範圍比較大，涵蓋的產品也更多。直覺上，會認為帕雷托法則沒錯：暢銷書（20%）比其他書籍（80%）獲利更高。然而，實際上並不是如此：這條長尾巴的獲利比少數的暢銷書更高。在2004年，這是個很大膽的理論，如今這卻是許多產業的常態。

➥ 另請參照：帕雷托法則（108頁）

網路是舉世最大的圖書館，只不過所有的書都在地上。
——美國數學家約翰・艾倫・保羅斯（John Allen Paulos）

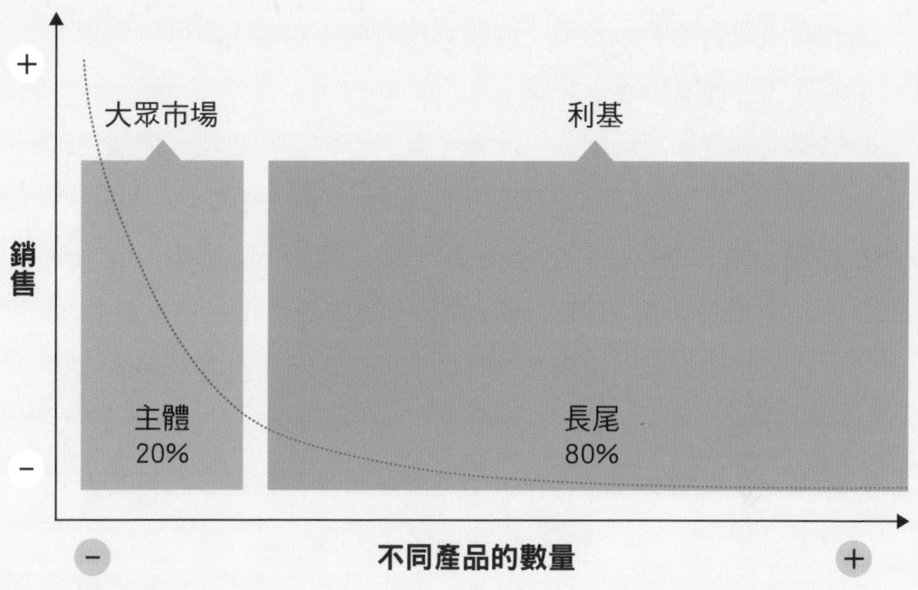

※大眾市場想要暢銷商品，但也有利基商品的需求。個別需求或許低，但利基商品集結起來，價值會超過暢銷商品。

化解衝突模型

如何漂亮解決問題

心理學家認為，衝突一定要處理，才能避免陷入僵局或互相指責，讓情勢回歸穩定，恢復溝通。問題是：該怎麼做？原則上，面對衝突情勢有六種不同的處理方式：逃避、對抗、放棄、規避責任、妥協和達成共識。

1. **逃避：**逃避和閃躲同義。此時，衝突不會得到處理，情況仍維持不變。可以說任何一方都得不到任何好處，是雙輸的局面。
2. **對抗：**採取攻擊方式處理衝突的人，只有一個目標：贏。然而，光是獲勝還不夠，另一方必須要落敗。這種方式的重點就在於征服對手，在對抗其他人的同時確立自己的立場。這是「你輸我贏」的局面。
3. **放棄：**在化解衝突時，有人是採取退一步，也就是認輸的方式放棄自身立場。其結果是「我輸你贏」的局面。
4. **規避責任：**有些人承受不了衝突帶來的壓力，於是選擇將決定權（以及對峙）交給另一個權責單位，通常是比較高層的。這個權責單位為他們化解衝突，但方法未必很明智，也未必是該單位有興趣的。因此，存在的風險是起衝突的雙方可能都蒙受損失（雙輸局面）。
5. **妥協：**妥協是根據各自的看法，尋求雙方都能接受的解決方式。一般來說，雖然覺得這種解法不是最理想，但還是合情合理（輸贏參半的局面）。

6. **達成共識：**共識是由衝突雙方共同發展出的新解決方式。和妥協不同，共識代表雙贏的局面，因為沒有人必須讓步，而是雙方共同找出「第三條路」。

> 我們的失敗並不是因為打敗仗，而是逃避衝突。
> ——瑞士伯恩青年中心（youth centre in Bern）牆上的塗鴉

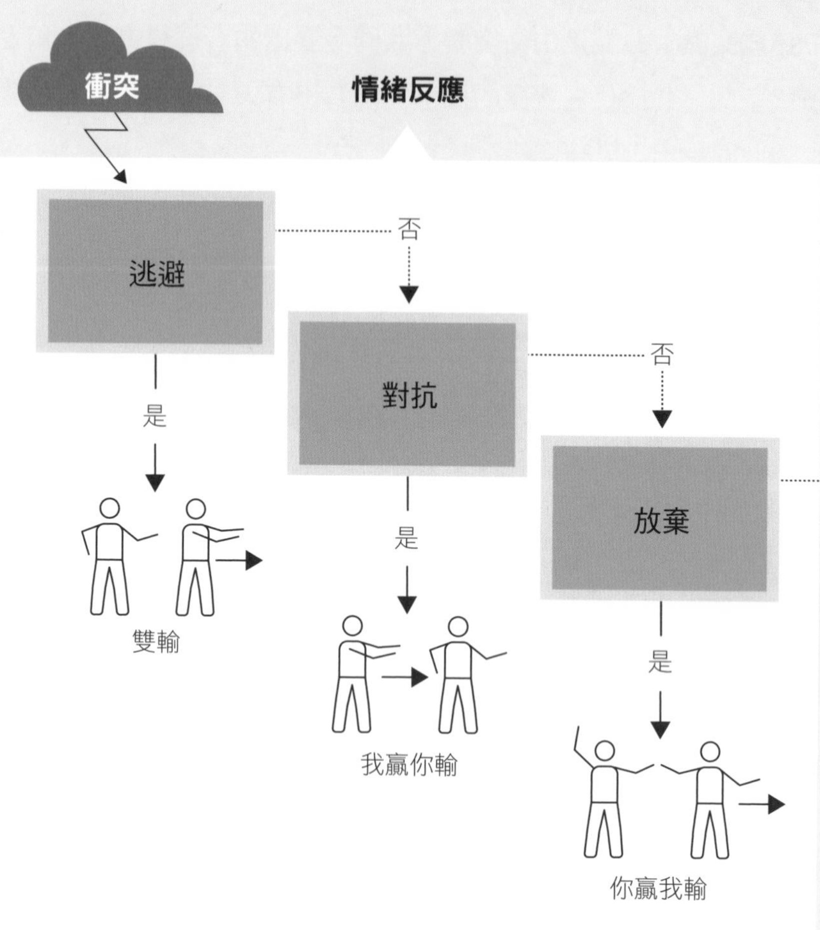

※這個模型呈現面對衝突的六種反應方式。你是哪一類型的衝突處理者？你的對手又屬於哪種類型？

合理反應

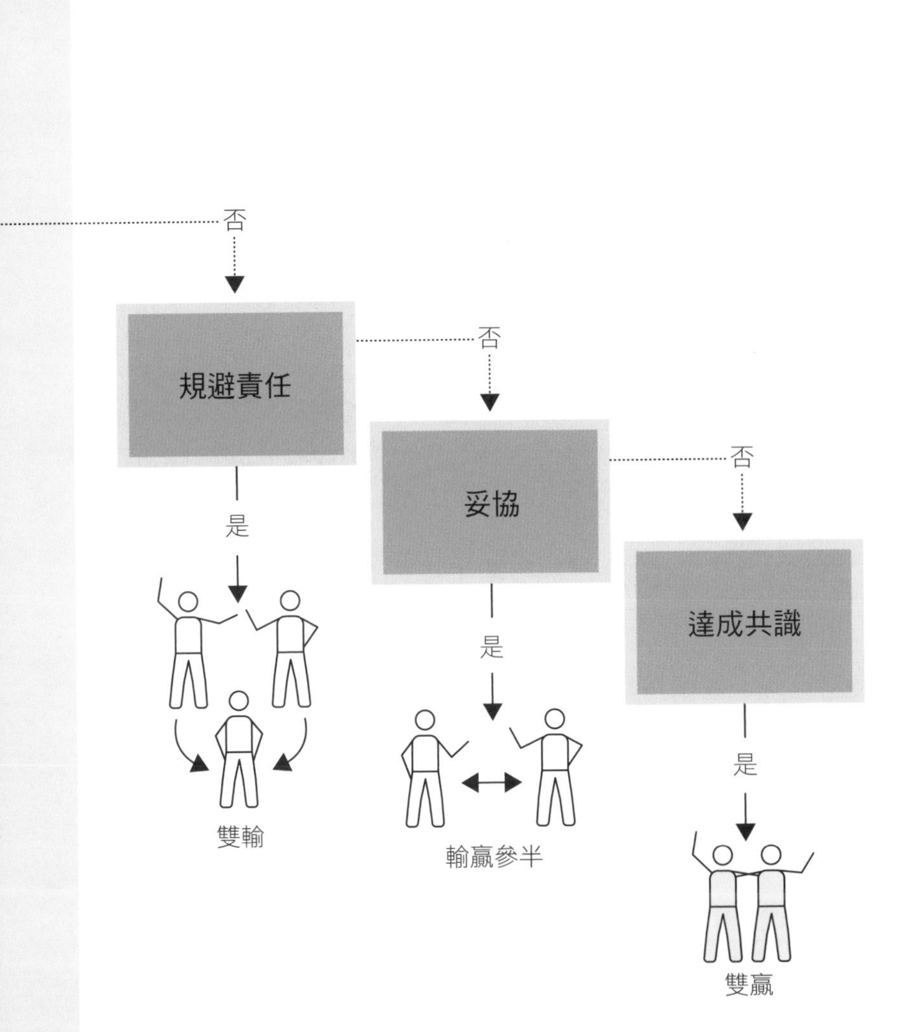

黑天鵝模型

為什麼經驗未必讓人更睿智

這裡有三個問題給不時會反省的人思考：我們懂得的事情是怎樣知道的？過去的種種有助於我們預測未來嗎？意外事件為何永遠無法預料？

英國哲學家伯特蘭・羅素（Bertrand Russell）在1912年的著作《哲學的問題》（*The Problems of Philosophy*）中歸結出上述三個問題的答案：一隻每天盼望有人餵食的雞會以為，未來每天仍持續有人餵牠。牠開始會深信人類很善良。在這隻雞的一生中，沒有任何跡象顯示牠終有一天會遭宰殺。

身為人類的我們也要承認，最重大的災難到來通常是完全出乎我們意料。羅素認為，這就是為什麼我們應當時時質疑自以為理所當然的事。

舉例來說，兩架波音飛機撞上美國世貿中心時，大眾很震驚。這場災難似乎毫無預警可循；然而，在2011年9月11日後的幾個星期、幾個月當中，所有的事幾乎看來都和這次攻擊扯上關係。

我們無法從過去預測未來，黎巴嫩作家納西姆・塔雷伯（Nassim Nicholas Taleb）稱呼這種現象為「黑天鵝」（black swan）。在西方國家總是認為天鵝都是白色的，一直到17世紀的自然學家發現一種黑色的天鵝品種。過去大家覺得匪夷所思的事，突然就變得理所當然。

塔雷伯的黑天鵝理論並不算真正的模型，而是一種對於因果原則的反駁。這提醒大家：人往往死命緊抓的，都是眼看搖搖欲墜的柱子。

➡ 另請參照：倫斯斐矩陣（88頁）、黑盒子模型（122頁）

> 你人生中的黑天鵝，也就是意料之外的事是什麼？它們何時發生的？

斷層——擴散模型

為什麼有些點子會爆紅

為什麼有些點子（其中也包含愚蠢的點子）能夠爆紅瘋傳，甚至引領潮流，但有些只是曇花一現，之後就逐漸衰微，自此消失在眾人眼前？

社會學家埃弗雷特・羅吉斯（Everett Rogers）以「擴散」（diffusion）來形容引起注意的點子或產品會一炮而紅的方式。在1930年代，社會學家布魯斯・萊恩（Bruce Ryan）和尼爾・葛洛斯（Neal Gross）針對愛荷華州格林郡（Greene County）雜交玉米擴散的分析，是最知名的擴散研究之一。新品種的玉米幾乎在每一方面都勝過舊品種，不過還是花了二十二年才普遍讓大家接受。

一群早在1928年就轉種新品種玉米的農夫，擴散研究的學者稱他們是「創新者」（innovator）。之後受到這些創新者影響的較大族群則稱為「早期採用者」（early adopter），他們是社群中受到尊敬的意見領袖，在觀察創新者的實驗後選擇加入。緊隨他們腳步的是1930年代末期的「質疑的大眾」（sceptical masses）；這群人除非看到其他農夫試行成功，否則絕對不會做任何改變，但他們到某個階段時會像染上「雜交玉米病毒」一樣，到最後也傳染給頑固的保守派「落後者」（straggler）。

如果轉換為圖形來看，這樣的發展所呈現曲線，和流行病的典型進程很類似。曲線一開始會逐漸上升，然後到達任何新上市產品都會有的臨界點，這時許多產品會無以為繼。任何創新事物的臨界點，是從早期採用者轉換到質疑者的過渡期，這時會出現「斷層」。根據美國社會學家莫頓．格羅津斯（Morton Grodzins）的觀點，假如早期採用者成功讓創新的產品或概念跨越斷層，打入質疑者族群中，那麼流行週期就會到達引爆點。從這裡開始，曲線會急遽上升，這時大眾都接受這項產品；然後在只有落後者的時候再度下降。

➥ 另請參照：帕雷托法則（108頁）、長尾模型（110頁）

> 他們一開始忽視你，然後嘲笑你，然後攻擊你，再來你就贏了。
> ——聖雄甘地（Mahatma Gandhi）

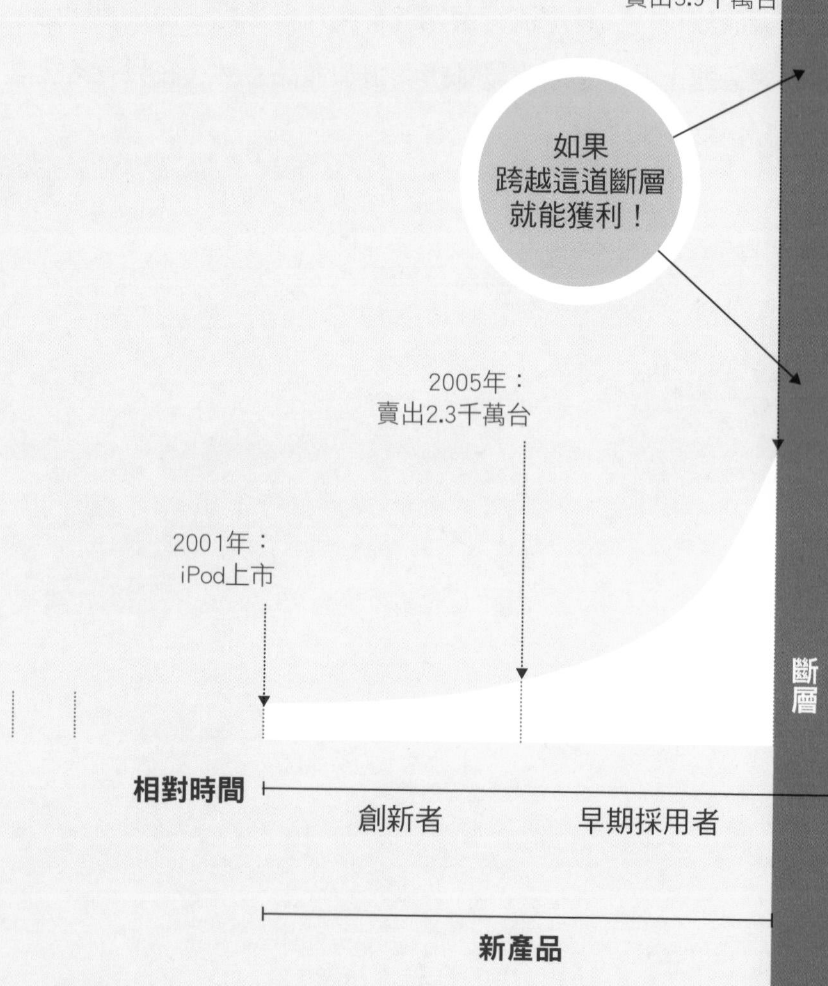

※這個模型以iPod為例，呈現出產品推出後的典型曲線。

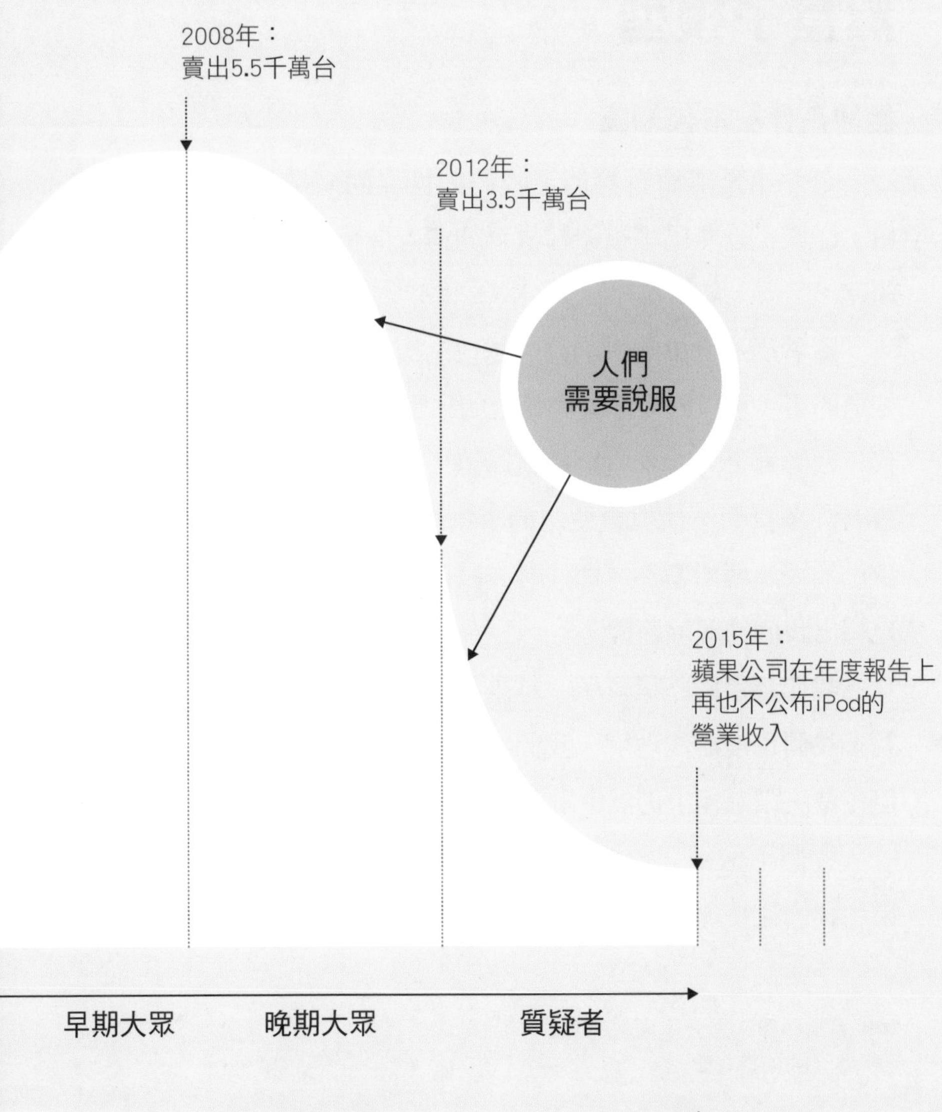
2008年：
賣出5.5千萬台
2012年：
賣出3.5千萬台
人們
需要說服
2015年：
蘋果公司在年度報告上
再也不公布iPod的
營業收入
早期大眾
晚期大眾
質疑者
成熟的產品

黑盒子模型

信仰為什麼取代知識

有件事是無庸置疑的：我們的世界向來是越來越複雜。黑白、好壞、是非已經被錯綜複雜的構想取代，讓大多數人摸不著頭緒。

隨著周遭世界的步調越來越快，複雜度越來越高，我們真正知道的事（可以確實掌握和領會的）也就越來越少。直到1980年代，教師還努力向學生解釋電腦以二進碼運作的原理。如今，周遭有許多我們不懂但會使用的事物（例如：智慧型手機），這多少已被視為理所當然。即便有人試圖向我們解釋基因密碼，或許也超出我們的理解範圍。

我們身邊的「黑盒子」越來越多，其複雜的構想即便經過解說，我們也沒辦法理解。我們雖然無法理解黑盒子內部的流程，但在做決策過程中仍然會融入它們投入與產出的元素。

我們不懂卻只需要相信的事物，數量會一直不斷增加。結果，我們往往會認為能提出解釋的人比起解釋本身更加重要。

➥ 另請參照：黑天鵝模型（116頁）

在未來，說服別人是用圖像和情緒，而非論點，將會成為常態。

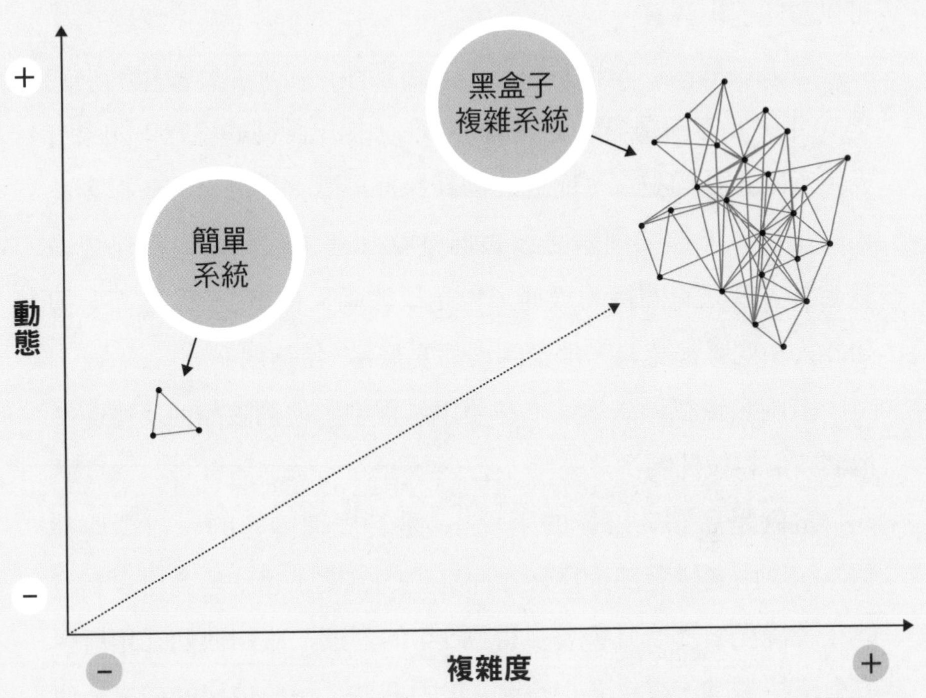

※過程的速度和複雜性的增長有關聯性。我們通常再也無法理解越來越複雜的解釋。

囚徒的困境

什麼時候值得信賴別人

俗話說：「信任會為背叛鋪路。」但真的如此嗎？有道謎題可以為此提出解答。

警方懷疑兩名罪犯共同犯下一起案件，這項罪行最重的刑罰是10年。警方向兩名分別落網的嫌犯，提出相同的協議：如果有人坦承兩人共同犯案，而他的同夥保持緘默，那麼警方會撤銷此人的指控，但他的同夥必須服刑整整10年。假如兩人都保持緘默，警方就只有間接的證據，也足以讓兩人坐牢2年。然而，假如此人和同夥都認罪，那麼兩人都要被判5年徒刑。

這兩名嫌犯無法串供。在偵訊過程中，他們該如何反應呢？他們該信賴彼此嗎？

這就是所謂「囚徒的困境」，是賽局理論裡的一道經典難題。如果兩名嫌犯都選擇最顯而易見的答案，也就是將自身利益放在最優先，那麼就會各自得到5年的刑期。假如他們都相信對方會保持緘默，就會各自得到2年的刑期，是比較好的結果。要注意的是，假如兩名嫌犯只有一人認罪，那麼坦承犯案的這個人就會獲得自由，但另一人必須判刑10年。

1979年，政治學家羅伯特・艾瑟羅德（Robert Axelrod）舉行了一場比賽，讓十四位學術圈的同僚一起玩了200輪的囚徒困境，想要在彼此對抗中找出最佳策略。

他發現在第一輪時最好與同夥合作（也就是信賴對方）。第二輪時，則採取同夥在前一輪中選擇的行動。透過模仿對方的行動，對方也會模仿你。

> 你不能用緊握的拳頭握手。
> ——英迪拉・甘地（Indira Gandhi）

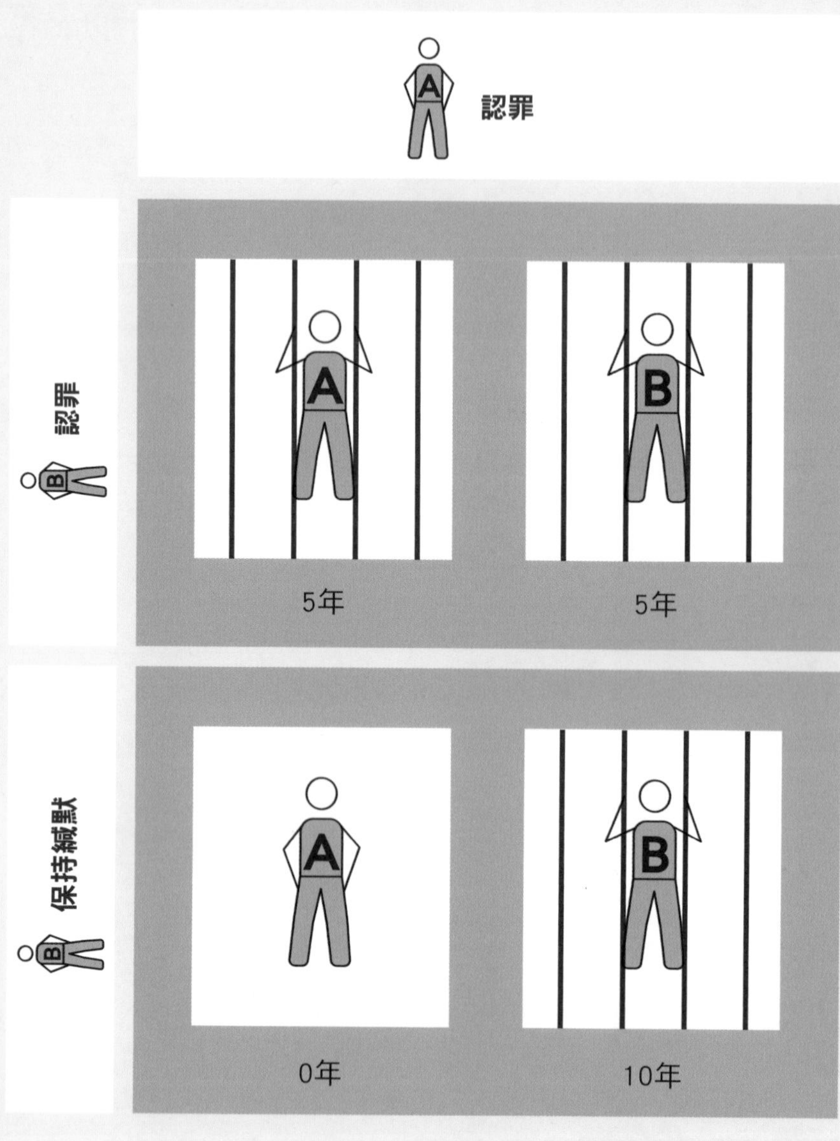

※你和同夥正在接受審判。假如只有你認罪，你的共犯會服刑10年；假如你們都保持緘默，兩人就各自服刑2年；假如你們都認罪，就都必須服刑5年。你們無法串供。你會如何反應呢？

保持緘默

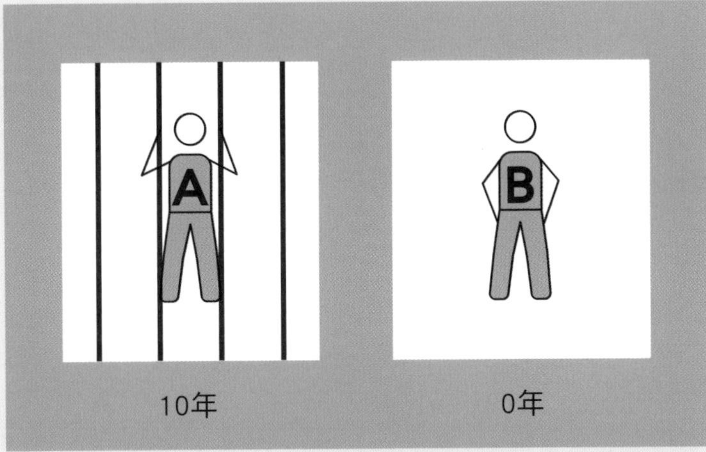

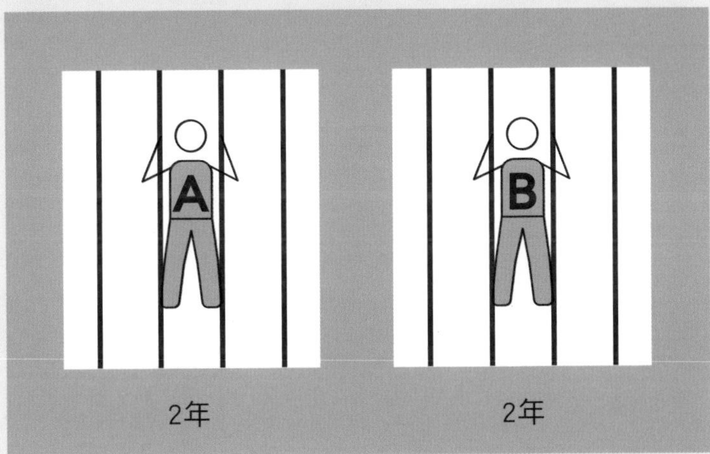

Part 4
如何讓他人進步

團隊模型

你的團隊是否有完成任務的能耐

無論你是幼稚園園長或國家代表隊的領隊，無論你要創辦公司或設立募款委員會，你都會持續問自己以下這類的問題：我有合適的人選來負責這項專案嗎？我們的技能是否符合目標的需求？我們有能力執行我們想做的事嗎？

這個團隊模型會幫助你評斷自己的團隊。一開始要先定義你認為在執行這項專案時必須看重的能力、專業和資源。記錄要執行這項工作絕對不可或缺的技術，這可以分為軟技能（例如：忠誠度、動機、可靠度）和硬技能（例如：電腦、商業和外文專業能力）。針對每一項技能，根據0到10的分數來定義要求的臨界點。舉例來說，符合標準的法文流利程度或許是5分。現在，用這一套標準來衡量你的團隊成員，畫線將每一點連接起來。這個團隊的弱點在哪一方面？優勢又是什麼？

隨後由團隊成員自我評量，所透露的實情會比這個模型本身更清楚。能夠正確判斷自身能力的團隊，才是好的團隊。

請注意！真正的強大，來自差異性，而不是相似性。

> 頂尖的主管擁有足夠的判斷能力去挑選優秀的人來執行他想要的任務，也有足夠的自制力，不會在他們執行的過程中插手干預。
>
> ——美國第26任總統西奧多．羅斯福（Theodore Roosevelt）

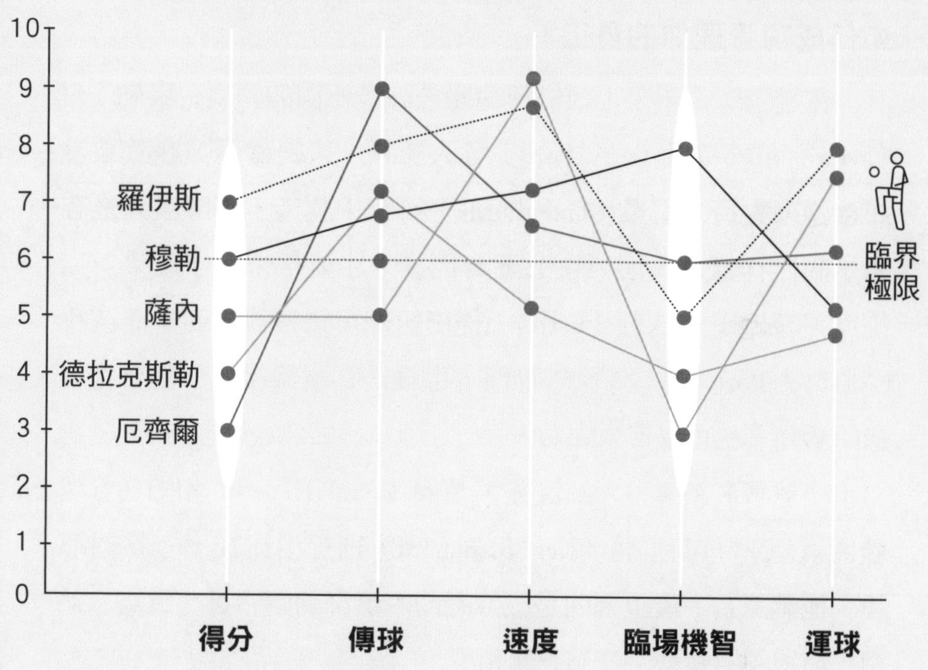

羅伊斯＝馬可・羅伊斯（Marco Reus）
穆勒＝托瑪斯・穆勒（Thomas Müller）
薩內＝里羅・薩內（Leroy Sané）
德拉克斯勒＝尤利安・德拉克斯勒（Julian Draxler）
厄齊爾＝梅蘇特・厄齊爾（Mesut Özil）

※上圖是根據德國職業足球員的表現。你可以為自己的團隊訂定適用的新標準，並以此評量團隊成員。之後再請每位成員自我評量。相較之下，這些曲線看起來如何呢？

賀賽－布蘭恰德模型（情境領導理論）

如何成功管理你的員工

在過去一百年來，組織理論歷經許多不同的轉變。泰勒（F. Taylor）和福特（Henry Ford）等人認為，人是機器，應該被當成機器來對待。霍桑（Hawthorne）研究中認為，不應該只是客觀規範工作條件，而要注意社會因素，才能帶來最佳成果；克拉克（Clark）和法利（Farley）提出組織可以自我規範；而波特（Michael Porter）主張策略管理，也就是在組織裡區分首要和次級的活動，就可以帶來成功。

全球著名領導力大師保羅・賀賽（Paul Hersey）和知名管理顧問肯恩・布蘭恰德（Ken Blanchard）則提出比較不一樣的理論。他們認為，最重要的是根據眼前的情況調整領導的風格。這個「情境領導模型」分為幾個類型：

1. **指示：**員工在工作起步時，需要強而有力的領導。身為新進人員時，他們的投入程度通常很高，但專業能力尚低。員工會收到命令和指示。
2. **輔導：**員工的專業能力已經提升。除了壓力漸增，新工作的初期興奮感也慢慢消失，他們的士氣和投入的程度已經降低。向員工提出一些問題，他們要自行去找答案。
3. **支持：**專業的能力急劇提升。士氣程度可能有所差異：或許已經降低（員工可能會辭職），或是因為更多的自主性而再提升（員工受到鼓勵，提出自己的想法。）

4. **授權：**員工可以完全掌控自己的工作，士氣高昂。他們會有分派到的專案，並領導自己的團隊。

領導員工要採取「讓自己變成是多餘」的方式。而且引領員工邁向成功，有朝一日，他們也能獨當一面。

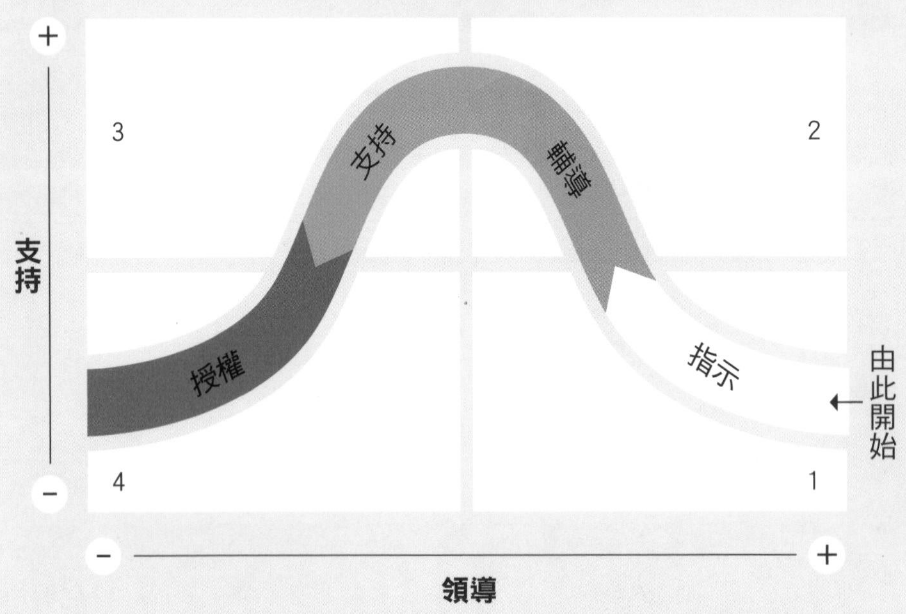

※從右到左，新的員工必須先接受指示，然後是輔導和支持，最後則是授權。

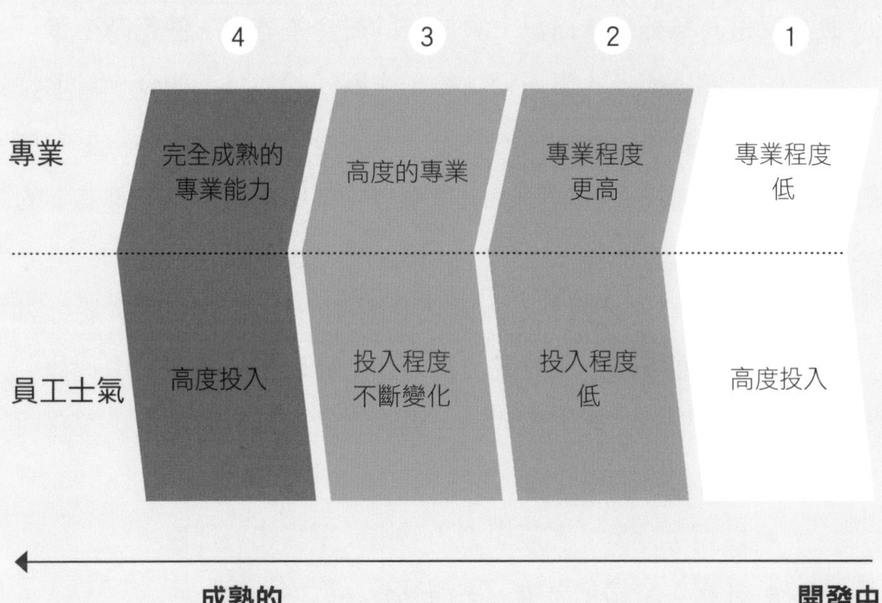

※從右到左，是競爭力和敬業在時間軸上的比例。

角色扮演模型

如何轉換自己的觀點

創意思考大師愛德華・狄波諾（Edward de Bono）在1986年提出「六頂思考帽」概念的時候，批評家嗤之以鼻，認為這個概念只是有幾分趣味而已。狄波諾的概念是分派一個臨時、單一面向的觀點，或者「思考帽」給工作團隊的成員。如今，這項技巧廣受眾人認可，狄波諾的六頂思考帽是用於團隊或會議上的技術，能刺激溝通，針對討論的主題也能創造出活潑與鄭重其事的方法。

它的運作方式如下：團隊成員針對一個構想或策略進行討論。討論的過程中，所有成員都要在六種觀點裡選擇其中一種，而這些觀點以帽子的顏色代表（重點在於，所有團隊成員要在同一個時間戴上顏色相同的帽子）。

- **白帽**：分析、客觀思考，著重於事實和可行性。
- **紅帽**：情緒化思維、主觀感受、觀感和意見。
- **黑帽**：批判性思考、風險評估、認清問題、質疑、評判。
- **黃帽**：樂觀思考、預想最好的狀況。
- **綠帽**：創意、聯想性思考、新點子、腦力激盪、建設性。
- **藍帽**：結構性思考、流程總覽、綜觀全局。

注意！必須有人主持會議，確保團隊成員不會偏離自己的指定角色。

如果團隊的同質性高（團隊成員的觀點和個性相似），效果可能就不太好。在1970年代，英國團隊管理專家馬里諦斯・貝爾賓（Meredith Belbin）研究個人所扮演的角色對於團隊運作的影響。根據他的觀察，可以分為九種不同的角色：

- **行動導向：**實做者、執行者、力求完美者。
- **溝通導向：**協調者、團隊合作者、開拓者。
- **知識導向：**創新者、觀察者、專家。

假如你有個好點子，但擔心遭到強烈反對，那麼不妨試著引導討論的方向，讓其他團隊成員認為這個點子是他們想出來的。成員越覺得這個點子出自他們，就會越有熱忱要努力落實這個點子。一旦沒有任何人宣稱點子是他們提出來的，那麼或許它一開始就算不上是個好點子！

➥ 另請參照：德萊克斯勒／斯貝特團隊績效模型（144頁）

> 我做任何事，從來沒有單打獨鬥過。所有的成就，皆是集眾人之力。
> ——前以色列總理果爾達・梅爾（Golda Meir）

團隊角色	貢獻
創新者	引進新構想
資源調查者	調查可能性、開發人脈
協調者	推進決策過程、分工
形塑者	克服障礙
監督者	檢視可行性
團隊合作者	改善溝通、推動進度
執行者	讓構想付諸實行
完成者	確保達到最佳結果
專家	提供專業知識

特質	可容許的弱點
另類思維	心不在焉
善溝通、外向	過度樂觀
獨立、負責	似乎喜歡操控別人
活躍、抗壓性強	缺乏耐心、尋釁
沉穩、足智多謀、批判性	枯燥
擅長人際合作、具外交手腕	優柔寡斷
紀律、可靠、效率	不知變通
盡責、敏捷	膽小、不太會授權
獨立自主、全心投入	太執著於細節

結果最佳化模型

為什麼印表機總在截止日前故障

專案管理的模型和方法很多，大部分都是基於專案有既定執行期限這樣的前提上。一般來說，在這段期間內，執行者會蒐集與統整各種構想，並挑出與實行一項概念。在現實生活中，我們都知道時間永遠不夠用，況且，時間已經很少了，而諸如印表機在需要使用時卻故障之類意想不到的事件，又會消耗掉我們緊迫的時間。

這個結果最佳化模型將可利用的時間分成三段等長的程序（迴圈），使得專案經理人必須完成專案三次。這項概念目的是要改善每一個連續工作迴圈的成果。這套方法不僅能讓產出的品質更好，也讓最終的成果更成功：在專案的尾聲，整個團隊不會只是因為「總算告一段落」而欣喜，而是成就感會提升三倍。

注意！實行這項策略時務必嚴格：每一個迴圈要如實完成之後，才能著手下一個迴圈。否則，這個模型會失去動能。

在發展過程中，蒐集、統整和實行這三個階段劃分清楚，是很重要的。

> 美好的事物永遠不完美。
> ——佚名

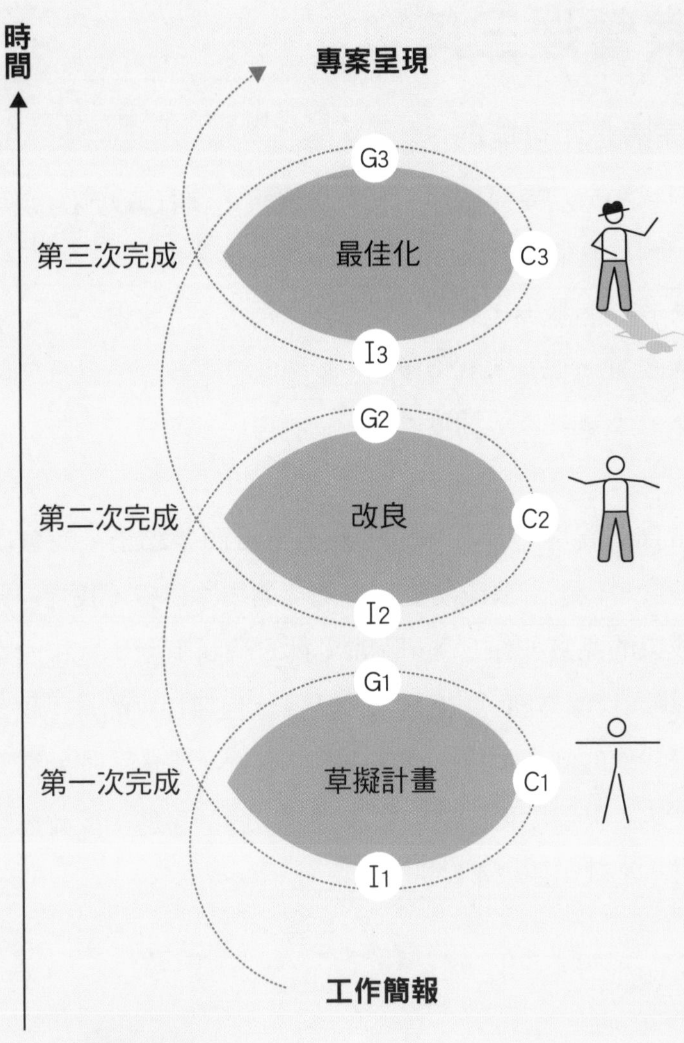

G ＝ 蒐集構想
C ＝ 統整成概念
I ＝ 實行

※為了得到最佳結果，必須規畫你的專案，這樣才能「完成」專案三次。在第三次之後，才算是真正大功告成。

專案管理三角

為何完美是不可能的

有三項成功要素主宰服務業：優質、便宜或快速。「或」很重要，因為通常三項只可能達成其中的兩項：

- 優質、快速，就會很昂貴。
- 快速、便宜，就不優質。
- 優質、便宜，速度就慢。

當你在管理一項專案時，無論它是商業點子、晚餐派對或博士論文，以下三項成功標準也同樣適用：目標（我想達成什麼事、成果的品質如何？）、時間（我的時間範圍？）和成本支出（在金錢或資源方面，我的上限是？）。但要注意的是：現實很少會按照我們的計畫進行。或許專案必須提早完成，那就需要更多資源；或者需要壓低支出，那品質就會受到影響；或者你想要提升品質，那就需要更多時間。

> 最沒產能的事，莫過於做了根本不該做的事。
> ——彼得．杜拉克

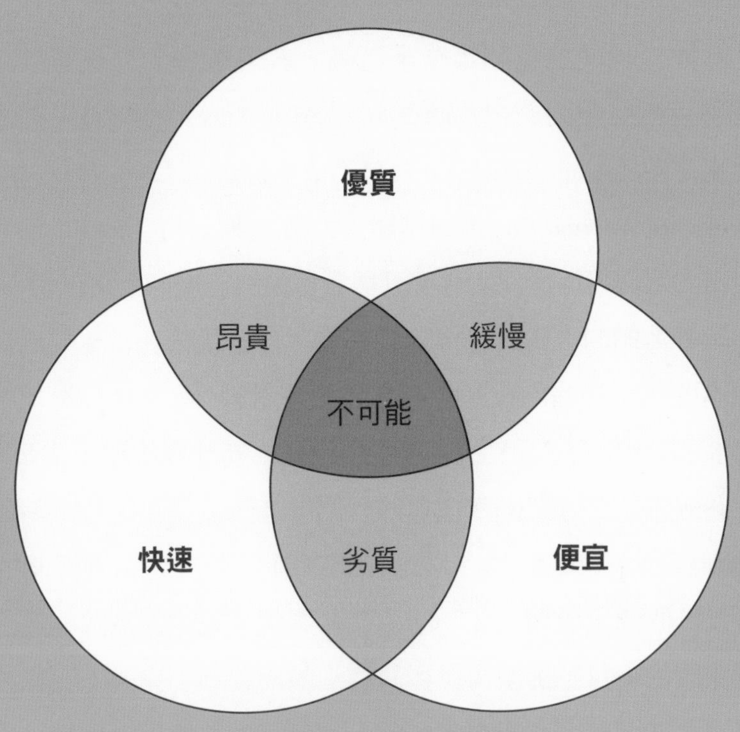

※優質、便宜、快速，三項中只可能擁有兩項。

德萊克斯勒／斯貝特
團隊績效模型

如何將小組打造成團隊

團隊表現的模型和策略上百種，其中最棒的一個模型，是由德萊克斯勒顧問公司（Drexler & Associates）的創辦人艾倫・德萊克斯勒（Allen Drexler）及葛洛夫國際顧問公司（The Grove Consultants International）的創辦人大衛・斯貝特（David Sibbet）所提出。這個模型呈現出專案參與者普遍會經歷的七個階段。

順著箭頭的方向，每個階段都會有一個我們在當下要問自己的根本問題：初始階段是「我為什麼在這裡？」，進行過程中是「我們要怎麼執行？」，到了專案結尾是「為什麼繼續下去？」。而「關鍵點」是陳述團隊成員的行為，進一步呈現出特定階段是否得到解決。關鍵點也會描述我們在特定階段遇到困難時的感受，以及該階段成功完成時的感受。舉例來說，當團隊成員都會炫耀共同的願景，那麼「目標釐清」階段就順利完成；假如成員出現冷漠或懷疑，則代表尚未解決，必須再次檢視這個階段。許多階段或許看起來似乎不言自明，或微不足道，但經驗顯示，每個團隊都會經歷每個階段。假如團隊跳過任何階段，日後還是要回頭經歷這個階段。

如果你是小組領導者，應該在專案一開始就向成員提出這個模型。專案開始執行以後，也要定期詢問成員以下問題：

- 你的進度如何（也就是專案進行到哪個階段？）
- 要怎麼做才能進入下一個階段？

假如不確定你的小組目前進行到哪個階段，那麼可以為每個階段寫下幾個「關鍵點」（請參照圖表），並自問：「哪些適用你個人？哪些符合整個團隊？」

不要畏懼小組內生起的負面情緒。因為公開的衝突都勝過壓抑了好幾個階段都沒有解決的衝突；早該因應的問題，到最後階段還是一定要處理。

注意！不要試圖將這個模型硬套在你的小組上。模型只是指引方向的一個輔助工具：它是羅盤，不是心律調節器。

➥ 另請參照：角色扮演模型（136 頁）

> 唯有一個成員勇於跨出第一步時，團隊才會向前邁進。身為領導者，應當準備好成為第一個犯錯的人。

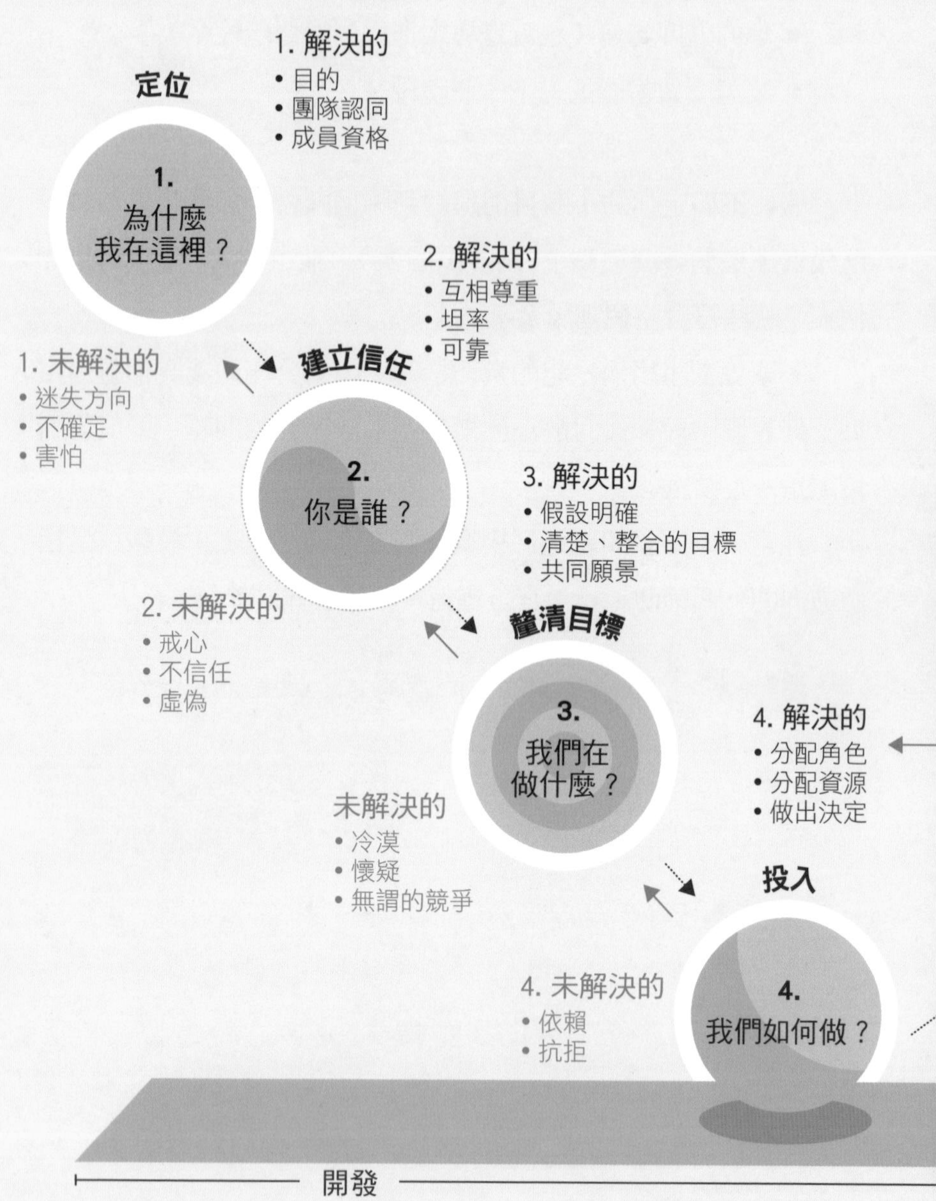

※這個團隊績效模型呈現了每個團隊在執行專案時都會經歷的七個階段。

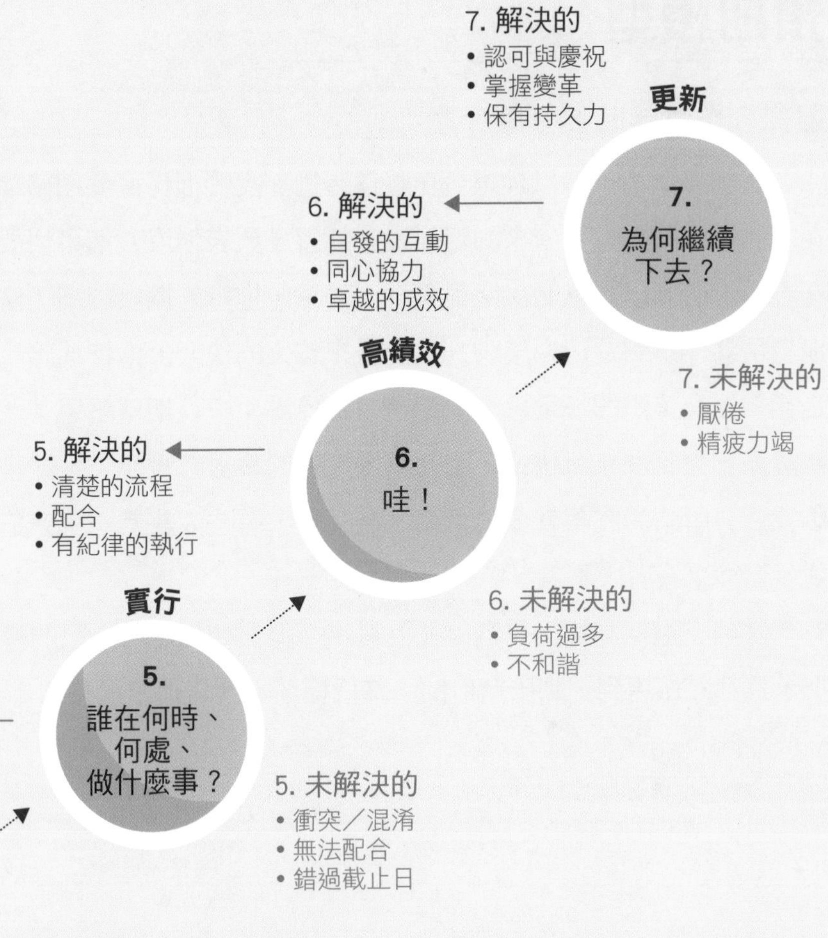
7. 解決的
• 認可與慶祝
• 掌握變革
• 保有持久力
更新
7.
為何繼續
下去？
7. 未解決的
• 厭倦
• 精疲力竭
6. 解決的
• 自發的互動
• 同心協力
• 卓越的成效
高績效
6.
哇！
6. 未解決的
• 負荷過多
• 不和諧
5. 解決的
• 清楚的流程
• 配合
• 有紀律的執行
實行
5.
誰在何時、
何處、
做什麼事？
5. 未解決的
• 衝突／混淆
• 無法配合
• 錯過截止日
持續

預期模型

選擇合作夥伴時要考慮什麼

我們有個小模型以挑選合作夥伴為例，說明抱持高度期望存在的問題。假如你對未來的夥伴沒有期待，代表你沒有把事情放在心上，而不以為意的決定很難令人滿意。抱持的期望越高，當你發現夥伴達到這個期望時，就能帶來越大的快樂。抱持期望算是能夠提升整體的快樂感，但還是有臨界點：一旦期望超過某個關鍵點，失望就在所難免，因為夢寐以求的事很難實現。經驗告訴我們，所謂的完美就像尼斯湖水怪一樣，有些人終其一生在追逐，但從來沒有人看過。

當然，抱持高期望原則上並沒有錯。但假如你覺得自己的標準永遠都無法達到，那麼請自問：降低標準，會有什麼損失嗎？

> 寧為玉碎，不為瓦全。
> ——孔子

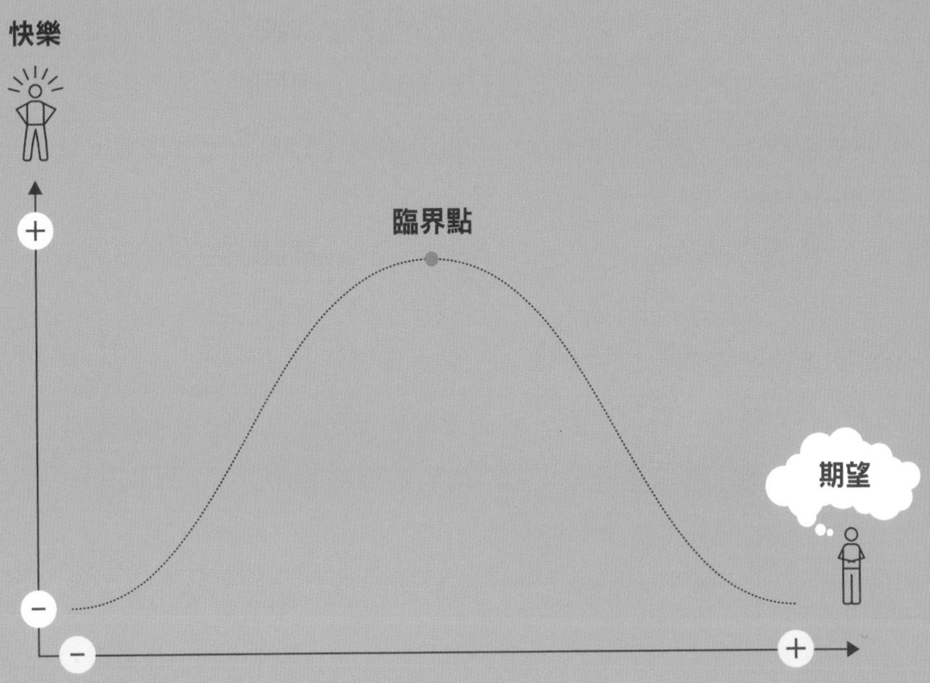

※我們的滿足程度會隨著期望提升，到達一個點後，過高的期望卻會讓我們的快樂減少。

未來該如何做決定

卡琳・弗里克（Karin Frick），瑞士智庫哥利布杜威勒研究所（Gottlieb Duttweiler Institute, GDI）主任

大約在十年前，我為本書的第一版寫了一篇文章，介紹未來的各種模型。如今，作者邀請我再次檢視這篇文章，看看我的預測是否正確，或是有所偏差，事實上，我們對於預測的檢視一向不足（➥ 另請參照：回饋分析〔26頁〕）。

我當時的論點主旨是，互聯性（interconnectivity）是新的因果關係。我們再也不需要（做決策的）模型。我當時主張，因果關係會變得越來越不重要，因為智慧型機器做推斷時是依照數據，而非模型。我也提到，我們當前的所作所為、購買和決定，幾乎都會留下被蒐集、分析和使用的數位足跡。

事實上，留下「數位足跡」如今已是常態。谷歌（Google）、臉書（Facebook）和網飛（Netflix）的數據科學家對於用戶的行為和欲望，了解程度更勝於所有社會學家、顧客心理學家和行銷專家，這些專家依賴的是社會科學理論和模型。在未來的數年中，最強大的管理工具不是智慧分析，而是智慧助理。蘋果的智慧助理Siri與亞馬遜的智慧音箱Echo，很快就會比我們更了解自己，而谷歌的人工智慧甚至已經能自行建議未來一年的新目標。人工智慧和智慧助理正在徹底改變我們的決策行為，並向我們展現觀察、理解和組織世界的新方式，這絕對是無庸置疑的。這些「智慧代理人」會急遽改變我們對世界的觀點，就像過去望遠鏡

改變大家觀看天空的方式一樣。具體來說，以下兩件事會化為可能：

1. 人工智慧會從許多不同的觀點來檢視現實，因此會更客觀。
2. 人工智慧有能力在分析過程中即時將不同的資訊納入考量，這與人類的做法不同。人類的分析會夾帶來自過去的主觀經驗。

這如何改變管理者的決策？

後頁的模型是由資訊科技專家安德魯・麥克費（Andrew McAfee）開發。當決策是根據有限資料量（現今大部分的狀況依然如此）的時候，習慣上，全場最重要人物的意見就會有支配力量。一般來說，這個人的薪水也最高。麥克費稱之為「河馬」（HiPPO，Highest Paid Person's Opinion〔最高薪人士的意見〕的縮寫）。其背後的邏輯是，此人獲得優渥的薪資並非因為能夠做出很棒的決定，而是因為必須扛起最終成敗責任。然而，不斷注入決策過程中的資料越多，就（越可能）做出較佳的決定，而「河馬」的角色也變得越無關緊要。資料成了打破組織階層制度的工具。

可以期待更光明美好的未來嗎？

在未來，決策者的工作會借助的是人工智慧控制的預測工具，而不是利用模型。這當中有一個機會：這些工具不像人類會出現認知偏誤（➥ 另請參照：認知偏誤〔80頁〕）。但也有個問題：我們不了解這些機器正在計算什麼，最重要的是，我們也不明白它們的決策是根據什麼價值觀念。支配世界的演算法是黑盒子，只有少數專家才理解，而且這些新的思考輔助工具或許會創造出自身的現實。

「我們加快了速度，卻讓自己封閉了。機器為人帶來富饒，卻也讓人置身匱乏。知識讓人變得憤世嫉俗，聰明才智讓人苛刻無情。我們想太多，感受卻太少。比起機器，我們更需要人性。比起聰明，我們更需要仁慈和慷慨。少了這些特質，生命就會變得暴戾，最後失去一切。」這是查理・卓別林（Charlie Chaplin）在〈大獨裁者〉（The Great Dictator）裡說的。這段在將近八十年前電影中的話，依舊中肯，引人警醒。本質上，這些話傳達的內涵是：我們應當迎接進步和發展，但也必須對其應用方式保持警惕。

撇開道德和哲學上的問題之外，還有實際層面的問題。如今，我們面對大量自相矛盾的事：龐大的資料量產生難以置信的精確度，但同時也帶來極大的混亂。大量、快速、多元的資料，必然引領人找到模式和連結，但這些模式和連結未必能產生意義。

十年前，我對本書介紹的模型下的結論是：千萬別低估。因為這些模型即便古老，但在日益令人困惑與混沌的世界中，它們仍然會幫助大家聚焦於真正重要的事情上，也有助於做價值的思考，並為自己的行動負起責任——這些是我們不希望委託給機器執行的事。如今，這個思考機器和去中心化自治組織（decentralised autonomous organisations, DAO）存在的年代裡，我比過去更相信這一點結論。

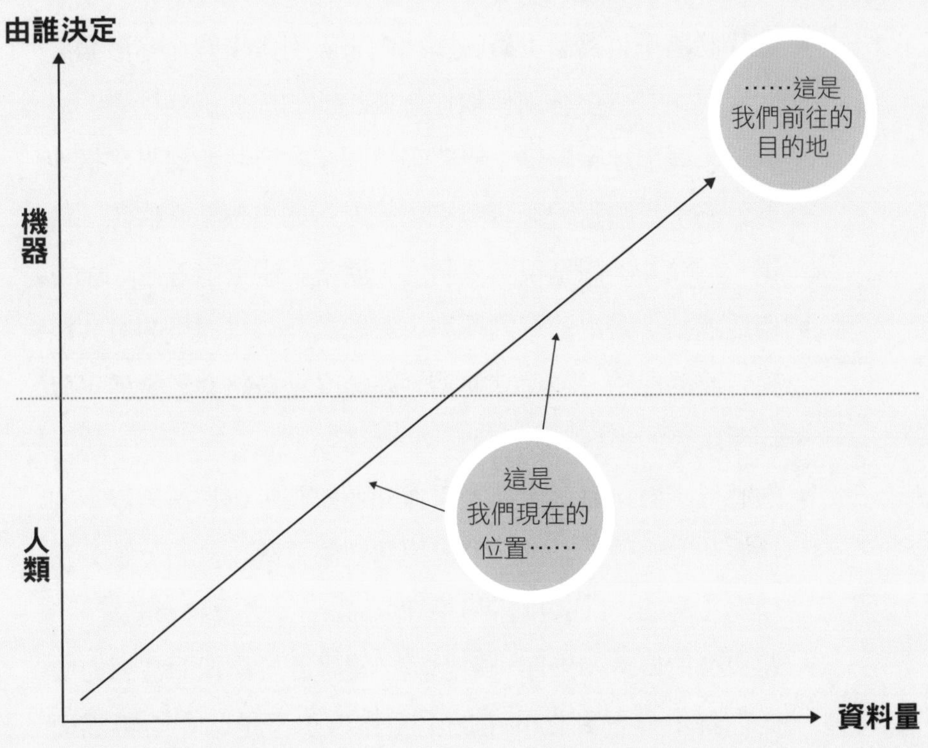
由誰決定
機器
人類
資料量
……這是
我們前往的
目的地
這是
我們現在的
位置……

繪畫課

為什麼要邊講邊畫

- **一邊說話一邊畫圖：**即便是不精確或隨性的元素，但當即時畫下它們的時候，看的人會懂，也不會太苛求。
- **圖片勝過千言萬語：**畫一座冰山來吸引大家關注逐漸擴大的問題；畫一座神廟呈現你想要說明的成功砥柱；畫一座橋梁來展現連結關係；粗略畫下國家的形狀輪廓來建構地理脈絡；畫輸送帶形容程序和進度。如果想整合構想，就畫一個漏斗；想呈現階層制度，就畫一座金字塔。
- **創造連結：**畫出簡單的模型，有助於我們以連貫的方式組織自己的思緒，並建立連結。在後文會概略介紹幾種可以徒手繪製的模型。
- **熟悉但不同：**每個人都能看懂交通號誌，或是遙控器上的播放和暫停鍵。甚至，可以把傳統的符號（例如：$）和縮寫（例如：t代表時間）轉化為圖示，給觀看者驚喜。
- **速寫很重要：**如果你一邊說話一邊畫圖，觀眾的注意力會從你身上轉移到你的主題上。你再也不是站在陪審團面前，只是和陪審團成員單獨就議題做討論。
- **錯誤但有力：**假如你畫的線條歪七扭八，別回頭修改，因為你會打斷論述的流暢度。同理，畫出來的圓圈看起來像雞蛋也別重畫。這都是抽象的圖示，並不是藝術作品。
- **玩猜猜畫畫遊戲：**練習會造就完美。

USA
EU
AFR
A3
A1
A2
TNT

模型課

繪製圖表的方式如下：

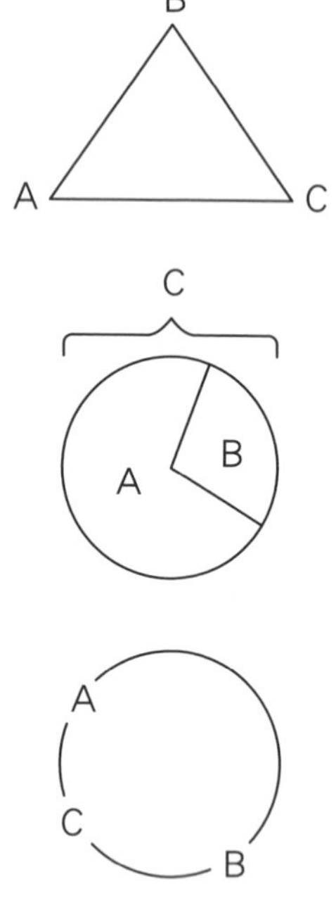

1. **三角形**

   A、B與C如何彼此連結，又為何連結？

2. **圓餅圖**

   構成C的A區塊和B區塊占比各是多少？

3. **圓線圖**

   A接著是B，然後是C，再回到A重新開始。

4. **因果鏈**

   B是C的起因，A又是B的起因。

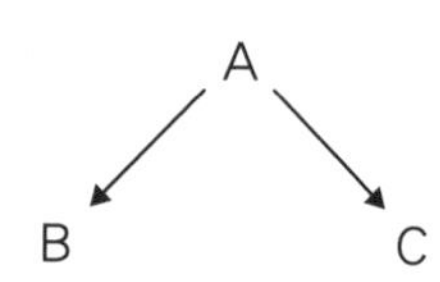

5. **流程圖或家族樹**

   流程圖：若A則B或C。

   家族樹：C源自A，B也源自A。

6. **心智圖**

A讓我想到B和C。

B讓我想到B1、B2、B3。

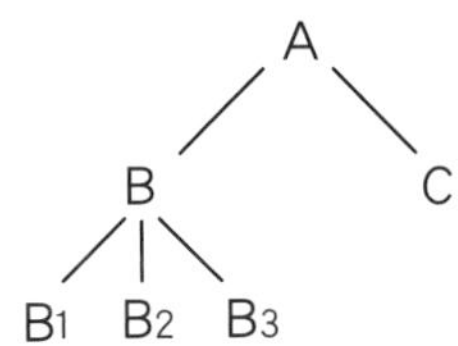

7. **同心圓**

A是B的一部分，B又是C的一部分。

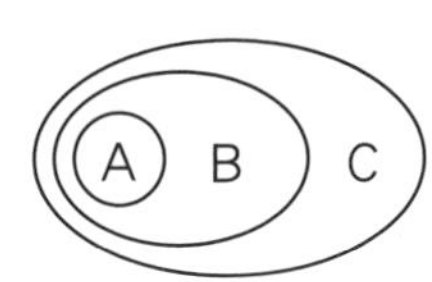

8. **文氏圖**

A和 B、B和C、C和A的兩兩交集處，以及A、B、C三圓重疊的交集處。

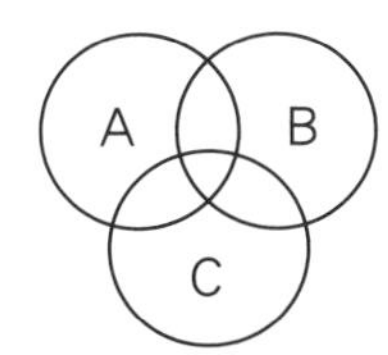

9. **力場分析**

A牴觸B，C與B契合。

10. **折線圖**

橫軸代表時間（t），縱軸代表價值A。B和C呈現出進度（鐘形曲線、指數曲線、曲棍球棒效應圖形等）。

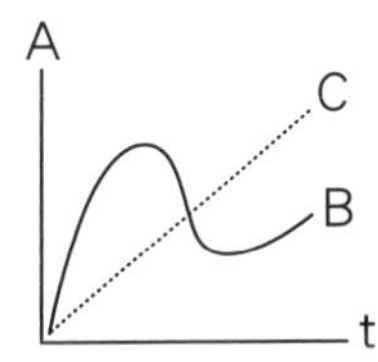

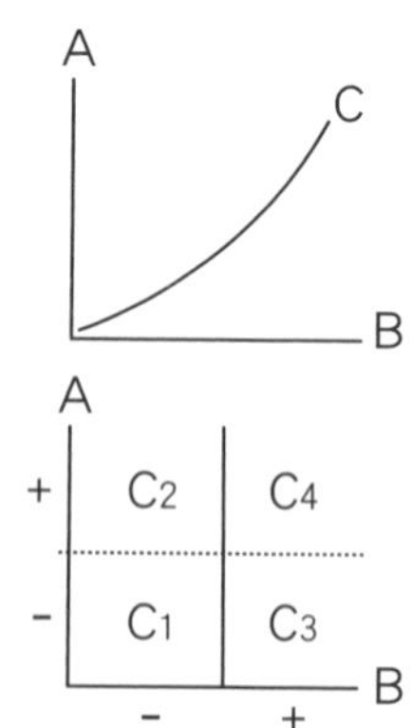

11. 直角座標圖（笛卡爾座標）

A和B軸參數不同，曲線C代表兩者之間可能的關係。另一種形式是四象限矩陣圖，呈現的是定位而非曲線。

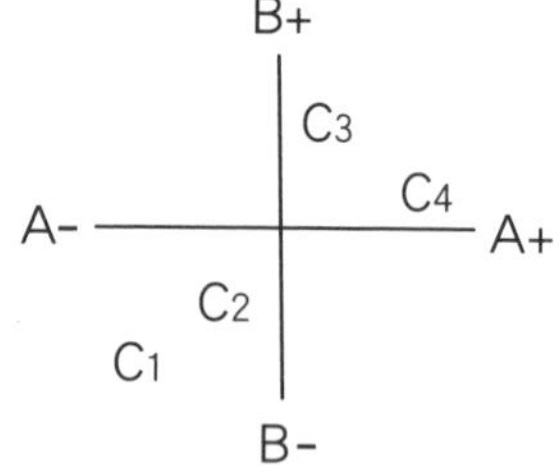

12. 兩極模型

參數的兩端互相對立：黑或白、左或右。圖表可以呈現不同的定位。

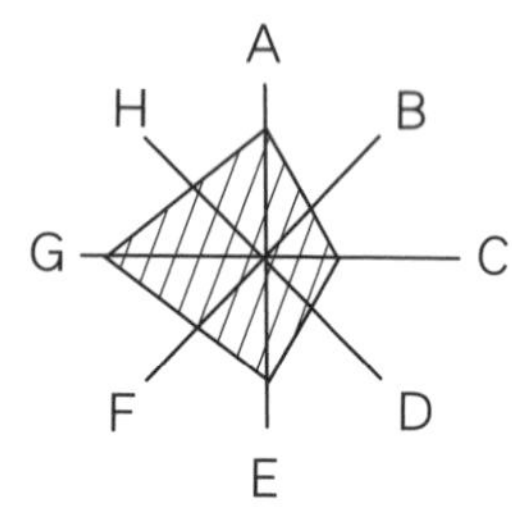

13. 雷達圖或蛛網圖

呈現出數個參數，合起來會形成獨特的圖形。它適合用來做比較。

14. **表格**

用來列清單，以及組合A、B、C和D。

	A	B
C	AC	BC
D	AD	BD

15. **漏斗**

A、B和C合起來會是……？

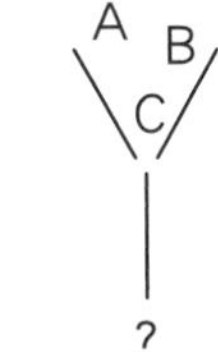

16. **橋梁**

如果B是障礙，我們該如何從A到達C？

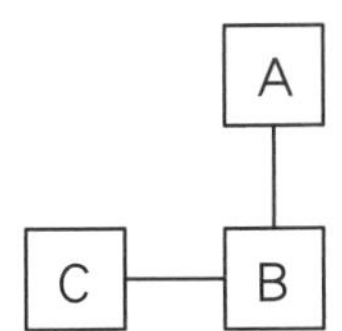

17. **金字塔**

C的任務由誰來吩咐？

或是：A如何確立自己地位的正當性？

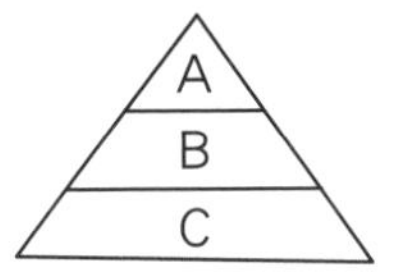

18. **樹狀圖**

B和C是由A所發展而成。

致謝

沒有以下人士和機構的慷慨相助，這本書就不可能完成：

Multiple Global Design公司的派特・亞蒙（Pat Ammon，型態分析盒）、《連線》雜誌的克里斯・安德森（Chris Anderson，長尾模型）、安德魯・安東尼（Andrew Anthony，團隊評估模型）、安德烈斯・「貝克斯」・戴特里奇（Andreas 'Becks' Dietrich，和我們機智競賽）、宇菲・俄利貝克（Uffe Elbæk，他能夠畫出任何東西，也協助宇菲・俄利貝克模型的部分）、蘋果音樂商店的馬特・費雪（Matt Fischer，啟發靈感的人）、GDI的卡琳・弗里克（Karin Frick，讓我們窺見未來）、北歐銀行（Nordea）的達格・格魯道（Dag Grœdal，提供實用的建議）、彼得・海格（Peter Haag，因為他相信我們）、塞德里克・海爾布蘭（Cédric Hiltbran，提出修正建議）、KaosPilot大學（給予最棒的教育）、馬克・考夫曼（Marc Kaufmann，給予有建設性的挑戰和質疑）、本諾・梅基（Benno Maggi，市場缺口模型和瑞士乳酪模型，以及持續給予回饋）、克里斯汀・尼爾（Christian Nill，給予回饋）、寇特妮・佩吉法洛（Courtney Page-Ferell，給予「不要把自己看太重」的建言）、瑞士巴賽爾大學（University of Basel）的史文・奧佩茲（Sven Opitz，雙迴圈學習理論）、編輯與審稿莎拉・辛德勒（Sara Schindler）和蘿拉・克萊門斯（Laura Clemens）、伯恩大學（University of Bern）的皮耶－安德・施密德（Pierre-André Schmid，持續的關注和許多書籍）、巴賽爾大學的烏特・塔爾曼（Ute Tellmann，對於模型的指教），以及《NZZ Folio》雜誌的丹尼爾・韋伯（Daniel Weber，給予有幫助的建議）。

最後說明

這本書持續在修改。假如各位發現錯誤，或是知道其他更好的模型，想要提供讓模型更進一步發展的建議，或者只是想發表評論，請寫信聯絡我們。可以在網站「www.rtmk.ch」上找到聯絡資訊。

我的模型

練習造就完美。此處提供本書的幾個模型圖，
你可以複印後填寫或刪劃內容，最後你也可以發展自己的模型。

艾森豪矩陣

填入你當前必須處理的任務。

重要

重要，但不緊迫 （決定何時處理） 任務：	緊迫且重要 （立刻處理） 任務：
不重要，也不緊迫 （稍後再做） 任務：	緊迫但不重要 （交付給別人處理） 任務：

緊迫

請參照：艾森豪矩陣（16頁）

SWOT 分析

回想人生中碰過的重大計畫，當時你如何填寫SWOT分析表的內容呢？和你的現在的填寫方式比較一下。

請參照：SWOT 分析（18 頁）

專案組合矩陣

將你目前的專案填入矩陣中：符合預算、可以準時嗎？

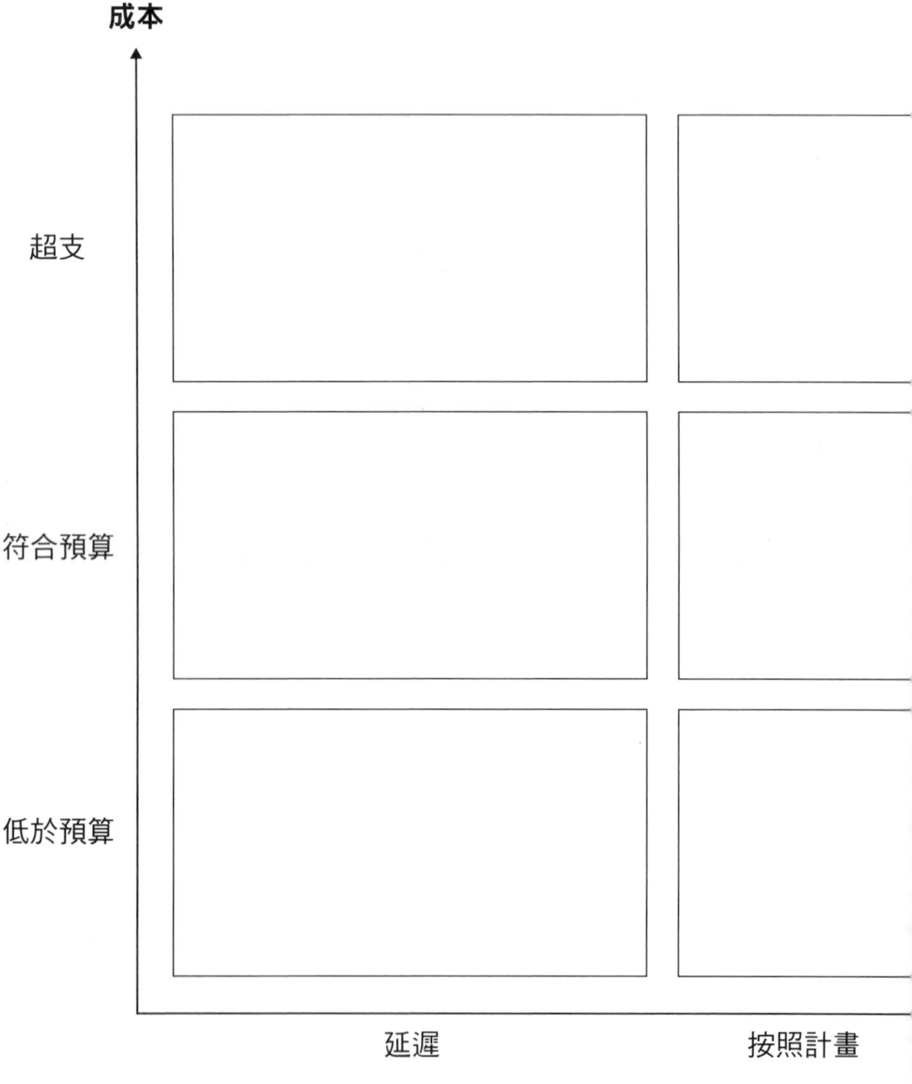

請參照：專案組合矩陣（22頁）

提早

時間

提早

波士頓矩陣

在矩陣中填入你的產品、投資或計畫，縱軸與橫軸分別代表成長潛力與市場占有率。

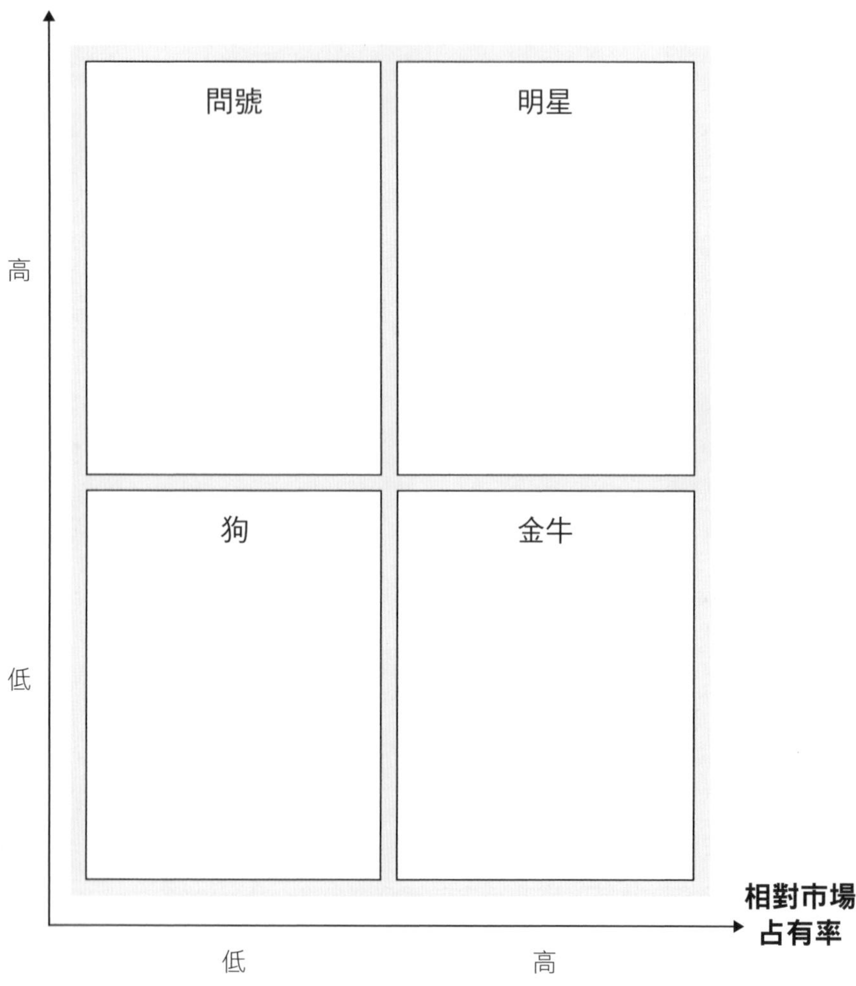

請參照：波士頓矩陣（20頁）

橡皮筋模型

假如你必須在兩個很好的選項之間抉擇，問問自己：維持現狀和吸引的理由各是什麼。

什麼事讓我維持現況？

什麼理由吸引我？

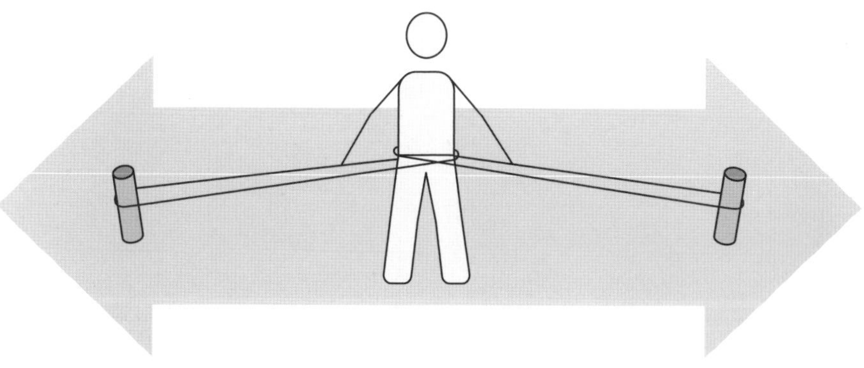

請參照：橡皮筋模型（30頁）

回饋箱

在這個矩陣中填入你得到的回饋。你想聽從哪些忠告？哪些批評促使你採取行動？哪些建議是可以忽略的？

忠告 （我覺得不錯，但還是需要改變！）	讚美 （我覺得很好，未來可以保持下去！）
批評 （我覺得不好，需要改變！）	建議 （我覺得不好，但還可以忍受！）

（縱軸：上 +，下 −；橫軸：左 −，右 +）

請參照：回饋箱（32頁）

市場缺口模型

這個模型有助於找出市場的缺口：根據三個軸線定位你的競爭對手。利基在何處呢？

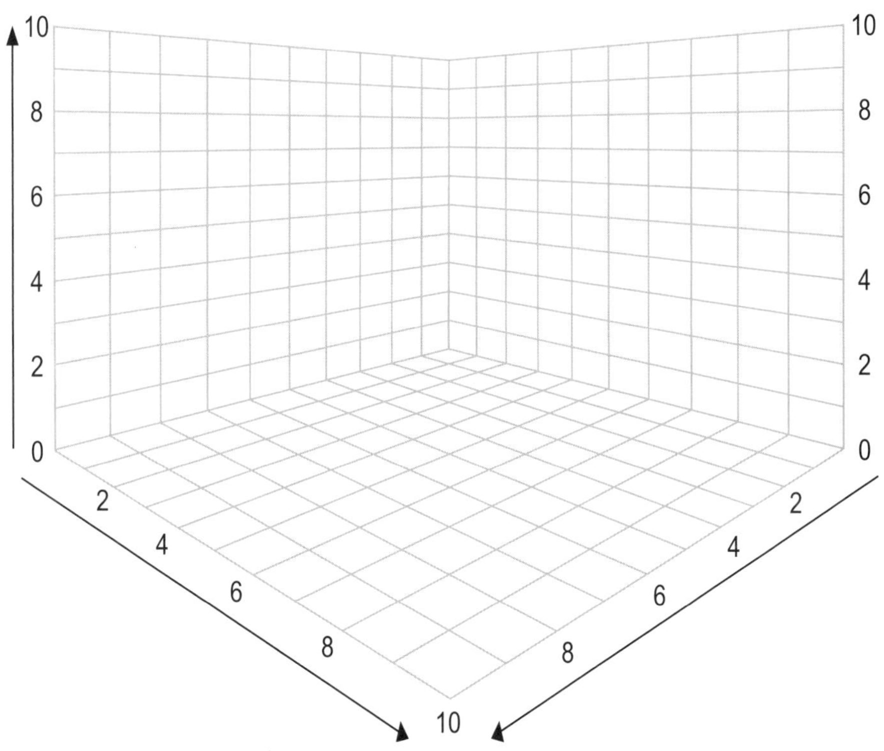

請參照：市場缺口模型（38頁）

型態分析盒與奔馳創意法

參數 \ 配置	配置 1	配置 2

請參照：型態分析盒與奔馳創意法（40頁）

配置 3	配置 4	配置 5	配置 6

送禮模型

你收過與送過最有價值的禮物是什麼？

請參照：送禮模型（44頁）

結果模型

這個模型顯示，你的決策結果與本身知識程度之間的關聯。

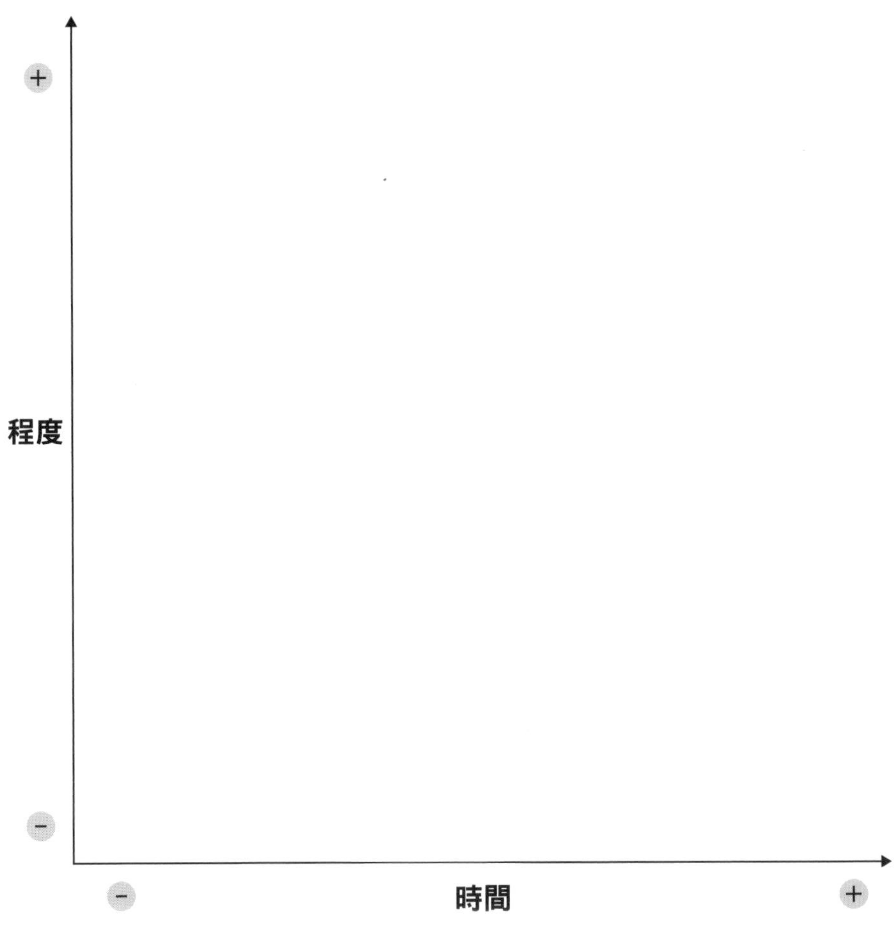

請參照：結果模型（48頁）

潛意識思考理論

這個方法的設計目的是停止大腦思考，這樣才能啟動潛意識。不要想這合不合理，試試看吧！

憑直覺做決定的方法

1. 你必須做的決定是什麼？

....

....

2. 請解以下英文字謎
（題目 → 提示 → 答案）

TABLE → animal noise → BLEAT

PLATE → flower part → ....

SILENT → take notice → ....

WARD → illustrate → ....

SHORE → animal → ....

3. 現在，寫下你的決定

....

....

....

....

請參照：潛意識思考理論（50頁）

心流模型

這個模型有兩軸：挑戰與能力的程度。請寫下三項你最近面對的挑戰，以及你的感受。

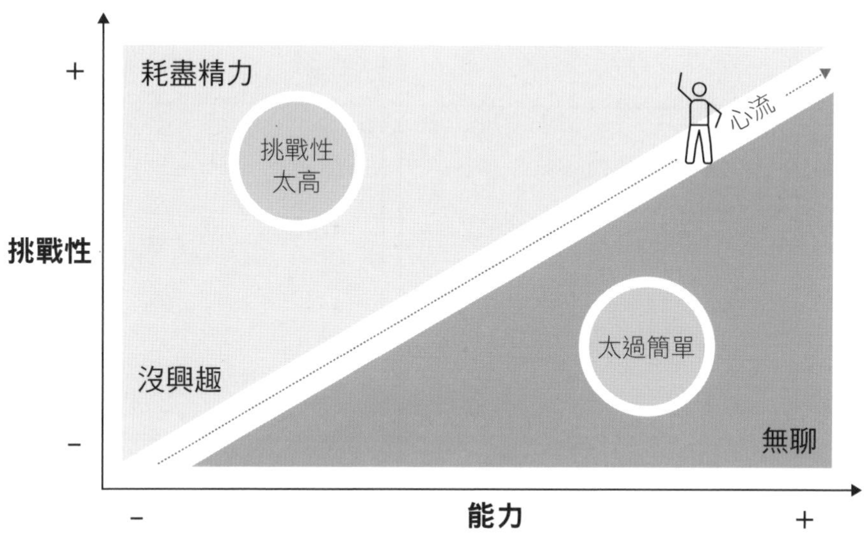

請參照：心流模型（58 頁）

周哈里窗

別人知道的你，有哪些是你不自知的？周哈里窗提供的是個人覺察的方式。

	自己知道	自己不知道
別人知道	A.我自知，也願意讓別人知道的我	C.我不自知，但別人知道的我
別人不知道	B.我自知，但對別人隱藏的我	D.我不自知，別人也不知道

➡ 請參照：周哈里窗（60頁）

認知失調模型

你上次意識到自己認知失調是什麼時候？何時意識到你的夥伴也有認知失調呢？

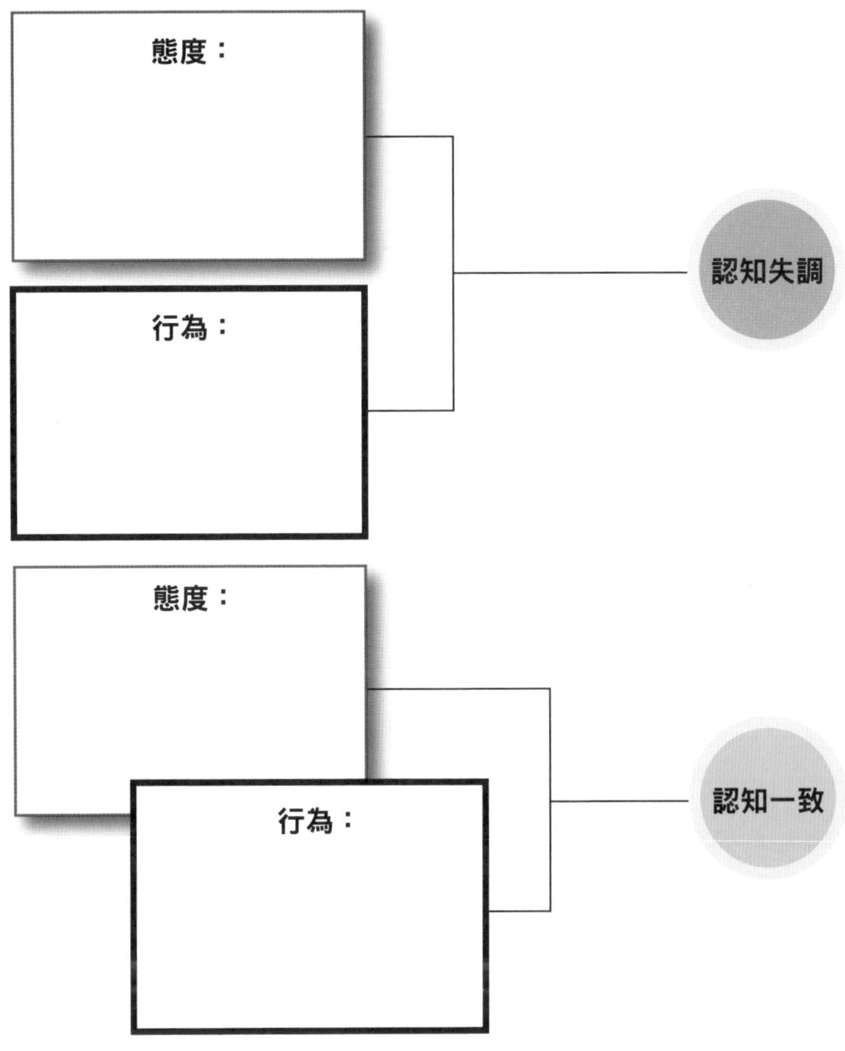

➥ 請參照：認知失調模型（62頁）

匪夷所思模型

雖然不了解證據，你卻深信不疑的是什麼？雖然沒有證據支持，但你仍然相信的是什麼？

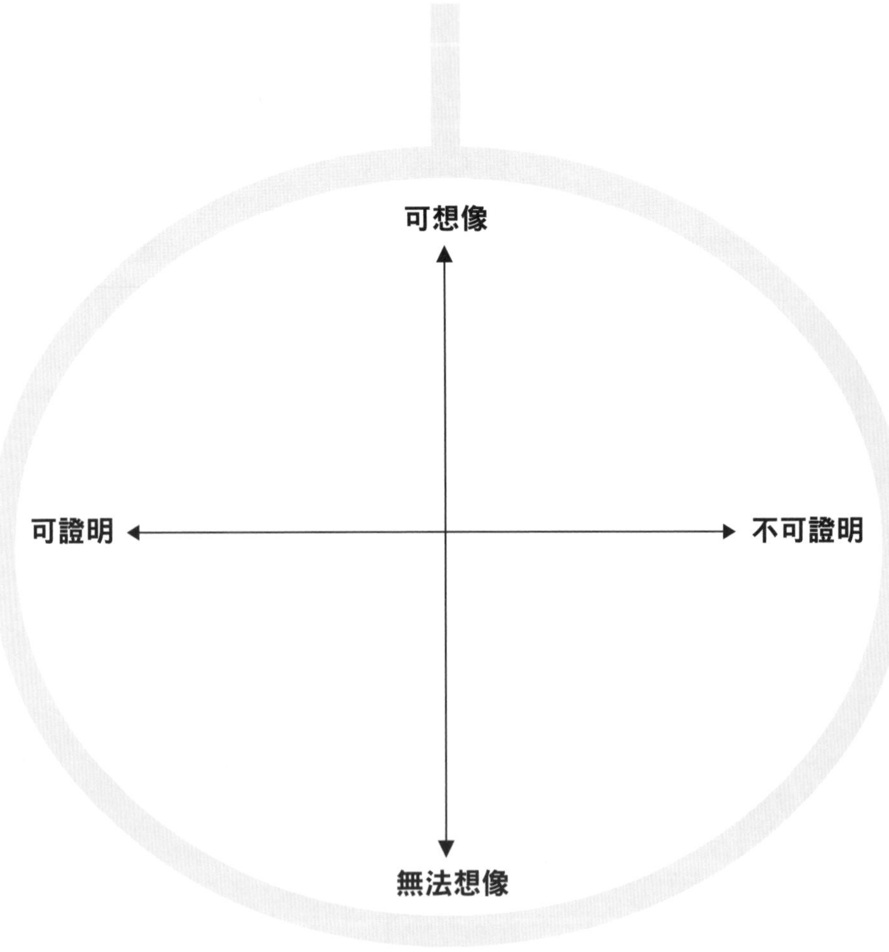

➡ 請參照：匪夷所思模型（64頁）

宇菲・俄利貝克模型

按照對自己的看法填寫這個模型，接著請另一半或好友為你填寫，再比較結果的異同。

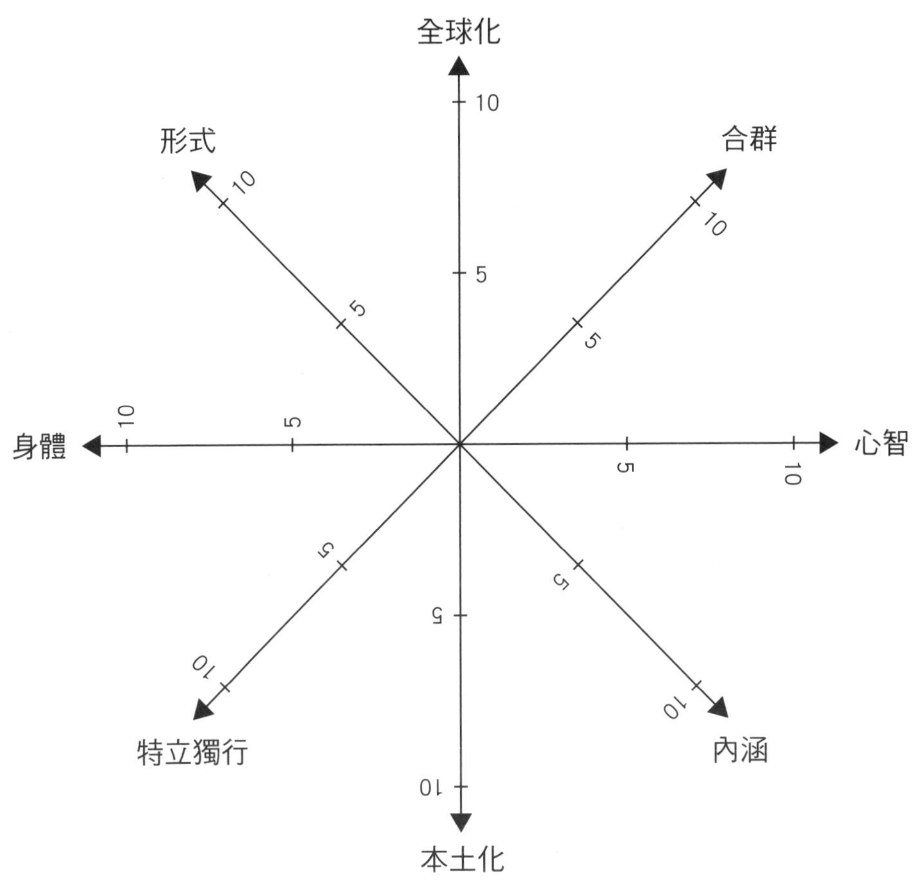

請參照：宇菲・俄利貝克模型（66頁）

能量模型

填入你花多少時間思考過去、現在和未來。

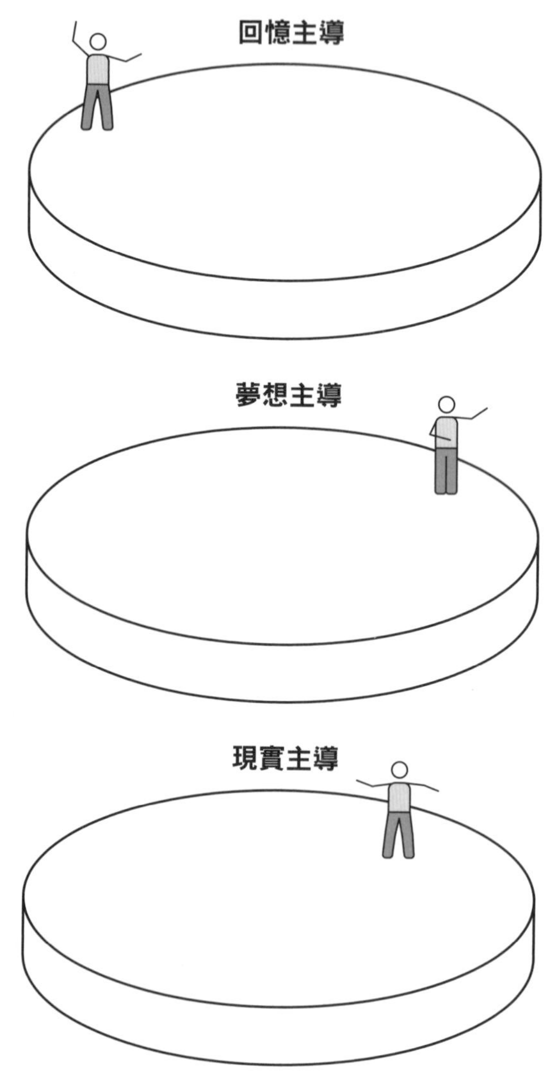

請參照：能量模型（68頁）

政治羅盤

藉由這個模型問問自己的立場。你在10年前的立場又如何呢？

請參照：政治羅盤（70頁）

個人表現模型

你目前的工作有多少是被強加在身上的？有多少符合你的能力？又有多少和你想要的相符合？

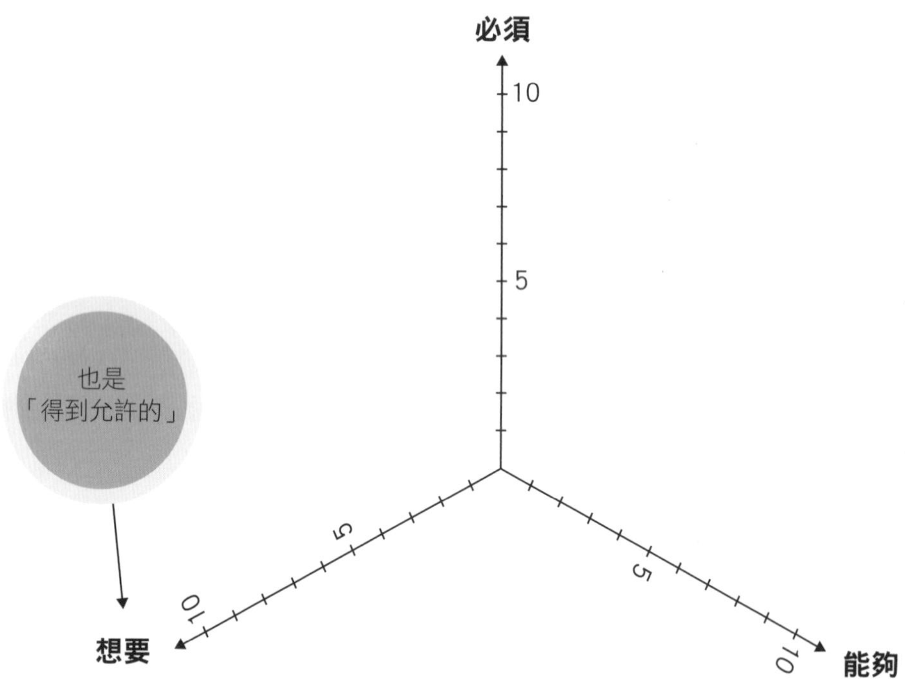

請參照：個人表現模型（72頁）

鑑往知來模型

選擇一段時期，回答以下問題：你當時的目標是什麼？你學到什麼？你克服過哪些障礙？

目標（當時）

你學到的事物

障礙（你克服過的）

成功

參與者

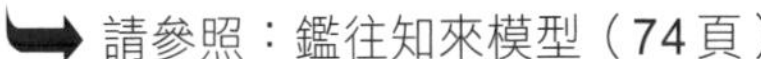
請參照：鑑往知來模型（74頁）

個人潛力陷阱

這個模型要畫三條曲線：我對自己的期望、別人的期望，以及我的成就。假如三條曲線的分歧過大，你就會落入個人潛力的陷阱。

相對量

		危機	改變方向

年齡

請參照：個人潛力陷阱（76頁）

艱難抉擇模型

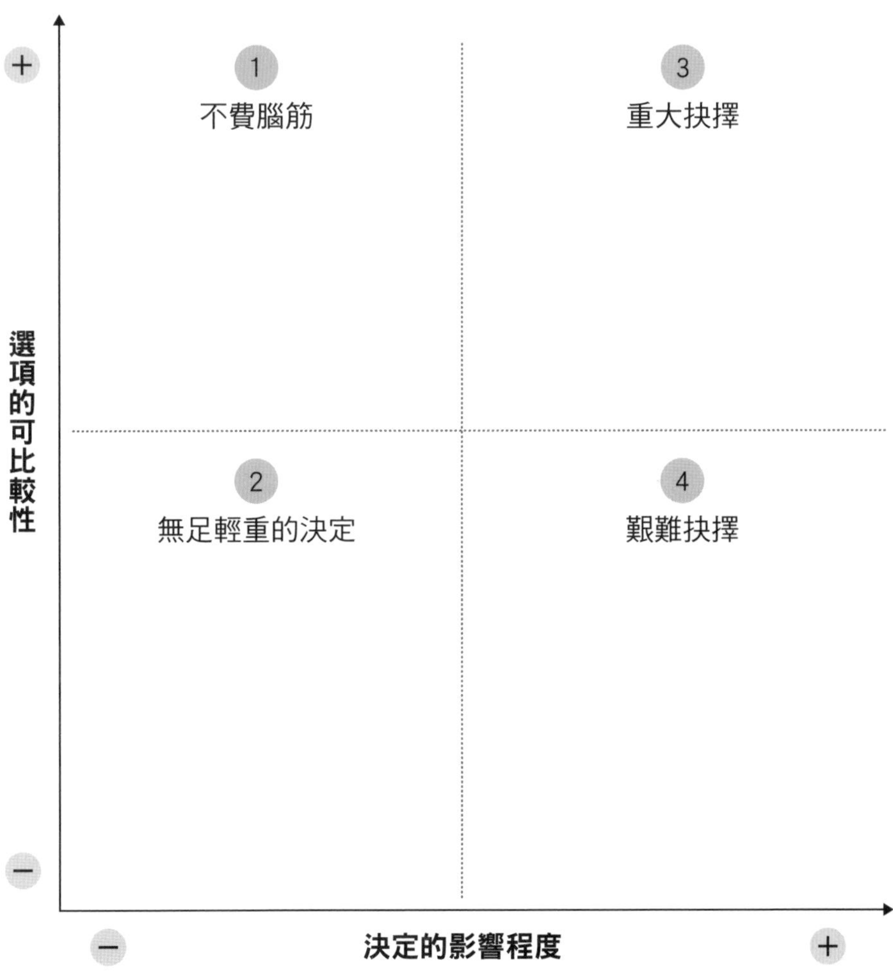

請參照：艱難抉擇模型（78 頁）

團隊模型

請為自己的團隊訂定標準，並以此評量團隊成員。之後再請每位成員自我評量。相較之下，這些曲線看起來如何呢？

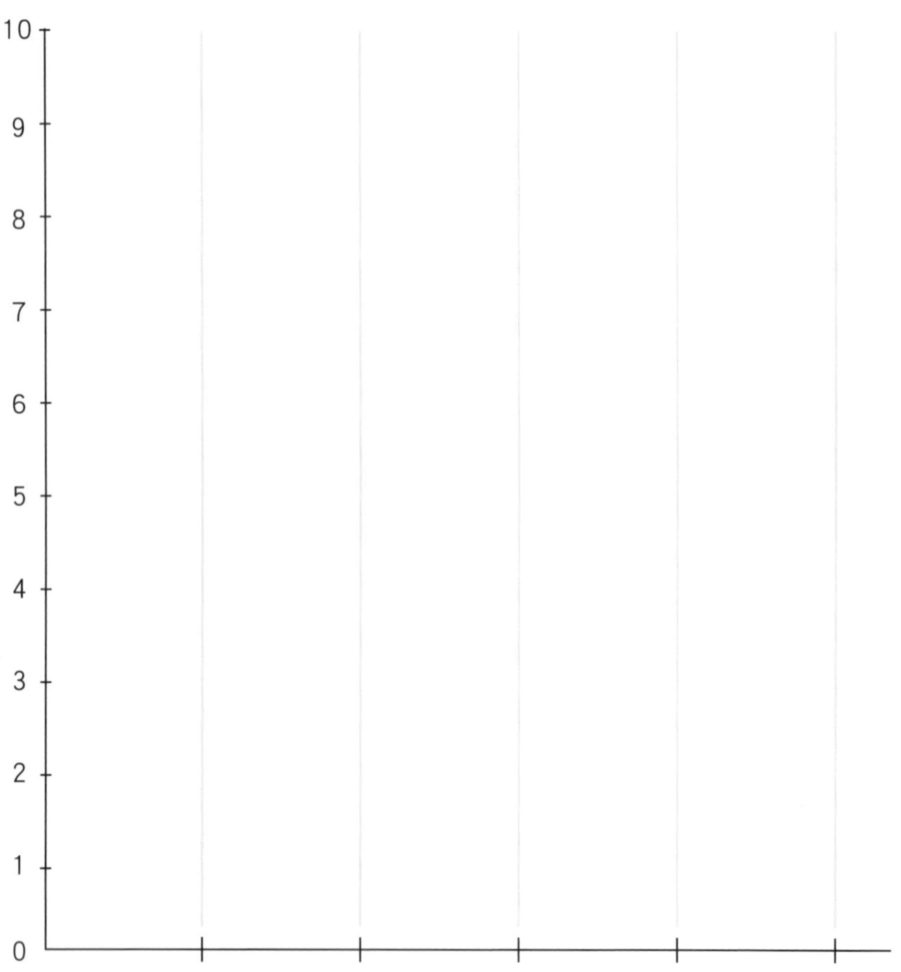

請參照：團隊模型（130頁）

全球商學院必修決策思維術〔全圖解〕：
50張秒懂圖表×認清問題盲點＝做出最佳決定
50 Erfolgsmodelle

作者	麥可・克洛傑拉斯（Mikael Krogerus）、羅曼・塞普勒（Roman Tschäppeler）
繪圖	菲利浦・恩哈特（Philip Earnhart）
譯者	謝慈
商周集團榮譽發行人	金惟純
商周集團執行長	郭奕伶
視覺顧問	陳栩椿

商業周刊出版部

總編輯	余幸娟
責任編輯	林淑鈴
封面設計	劉麗雪
內頁排版	漾格科技股份有限公司
出版發行	城邦文化事業股份有限公司 - 商業周刊
地址	104台北市中山區民生東路二段141號4樓
傳真服務	（02）2503-6989
劃撥帳號	50003033
戶名	英屬蓋曼群島商家庭傳媒股份有限公司城邦分公司
網站	網站 www.businessweekly.com.tw
香港發行所	城邦（香港）出版集團有限公司 香港灣仔駱克道193號東超商業中心1樓 電話：(852)25086231 傳真：(852)25789337 E-mail：hkcite@biznetvigator.com
製版印刷	中原造像股份有限公司
總經銷	聯合發行股份有限公司　電話：（02）2917-8022
初版1刷	2020年5月
定價	台幣320元
ISBN	978-986-5519-07-0（平裝）

國家圖書館出版品預行編目(CIP)資料

全球商學院必修決策思維術〔全圖解〕：50張秒懂圖表×認清問題盲點＝做出最佳決定／麥可・克洛傑拉斯（Mikael Krogerus）等作；謝慈譯.
-- 初版. - 臺北市：城邦商業周刊, 2020.05
192面；14.8 × 21公分
譯自：50 Erfolgsmodelle
ISBN 978-986-5519-07-0（平裝）

1.決策管理
494.1　　109005064

藍學堂

學習・奇趣・輕鬆讀